科技史略

KEJI SHILUE

袁继红　周邦君　雷四兰　主编

暨南大学出版社
JINAN UNIVERSITY PRESS
中国·广州

图书在版编目（CIP）数据

科技史略/袁继红，周邦君，雷四兰主编．—广州：暨南大学出版社，2015.7

ISBN 978-7-5668-1553-8

Ⅰ．①科…　Ⅱ．①袁…②周…③雷…　Ⅲ．①自然科学史—世界—高等学校—教材　Ⅳ．①N091

中国版本图书馆CIP数据核字（2015）第155536号

出版发行：暨南大学出版社

地　址：中国广州暨南大学
电　话：总编室（8620）85221601
营销部（8620）85225284　85228291　85228292（邮购）
传　真：（8620）85221583（办公室）　85223774（营销部）
邮　编：510630
网　址：http：//www.jnupress.com　http：//press.jnu.edu.cn

排　版：广州联图广告有限公司
印　刷：广东广州日报传媒股份有限公司印务分公司

开　本：787mm×960mm　1/16
印　张：12.5
字　数：231千
版　次：2015年7月第1版
印　次：2015年7月第1次

定　价：28.00元

（暨大版图书如有印装质量问题，请与出版社总编室联系调换）

前　言

科学技术史是研究科学技术的产生、发展过程及其规律的一门介于自然科学、社会科学和哲学之间的交叉学科。学习科学技术史，有助于扩大专业知识面和掌握科学的思维方法，并促进文理科之间的相互贯通，以适应提升人才素质的需求。

本教材是我们结合长期一线教学经验和自身研究专长编撰而成，有如下几点需要说明：

（1）本教材首先是为配合“科学技术史”课的讲授而编写。“科学技术史”是当前高校通识教育课程体系中的一门重要课程，该课程所涉及领域广泛，但课时有限，我们也在长期的一线教学中不断摸索学生喜欢并且能使之受益的教学模式。本教材在内容安排上，力图同时兼顾授课时间和学生自学需要；重点选择有代表性的历史资料，以展示科技史这个学科的主要观点、方法和意义，同时，在结构上，每章末尾设有“延伸阅读”和“思考题”。因此，从这个意义上来说，本书既适于通识课程的师生需求，也适于对本学科有兴趣的读者。

（2）根据突出重点和便于自学的原则，本教材没有冗长地罗列科学技术史，而是针对古代、近代和现代科学技术的不同特点，采取突出重点的方式来组织和阐述历史材料。例如，古代部分，着重介绍古代中国科学技术的来龙去脉，然后简要介绍古代亚非欧美的科学技术，让学生在综观古代科学技术成就的同时也在比较其他各地区的优点特点中进一步了解中国古代科学技术的独特地位；近代部分，则以哥白尼革命为核心，阐明社会历史条件与科学技术变革之间的关系；现代部分，重在展示大科学作为科学技术发展的新形态究竟如何改变我们的世界观和科技观，以及大科学时代的科学技术所必须担当的社会责任和伦理反思。

（3）本教材所指的“科学”是一种广义的“科学”，不仅包括自然科学，也包括社会科学；不仅是依照经验理性的方法而取得的一种特殊的知识体系，而且是一种社会地组织起来的文化活动和社会建制。因此，本教材内容的编排依循科学的历史发展和社会建制形式转变而有所侧重，此外，还特别加了一节专门介绍社会科学的建制化。

（4）本教材的完成得益于中山大学张华夏老先生的教诲和无私帮助。张老为本教材的编写提供了大量参考文献和及时、中肯的编写意见，教材中多处史论，尤其是现代科学部分关于科技伦理的观点受益于张老的指教，在此特别致谢！

另外，还要感谢广东财经大学“教学质量工程通识教育课程项目”的资助，以及暨南大学出版社曾鑫华女士的大力支持。

本教材第一章至第三章由周邦君编写，第四章至第六章由雷四兰编写，绪论以及第七章至第九章由袁继红编写，全书由袁继红统稿。由于完稿比较仓促，错误和缺点在所难免，恳请读者和专家批评指正。

袁继红
yuanjihong@ gdufe. edu. cn
2015 年 6 月 17 日

目　录

前　言 ………………………………………………………… 1
绪　论 ………………………………………………………… 1

古代篇

第一章　古代中国科学技术 ……………………………………… 18
第一节　原始技术与科学知识萌芽 ………………………………… 18
第二节　古代中国技术 ……………………………………………… 25
第三节　古代中国科学 ……………………………………………… 31

第二章　古代亚非科学技术 ……………………………………… 47
第一节　古代印度科学技术 ………………………………………… 47
第二节　古代两河流域科学技术 …………………………………… 51
第三节　古代阿拉伯科学技术 ……………………………………… 54
第四节　古代埃及科学技术 ………………………………………… 58

第三章　古代欧美科学技术 ……………………………………… 63
第一节　古希腊科学技术 …………………………………………… 63
第二节　古罗马科学技术 …………………………………………… 75
第三节　欧洲中世纪科学技术 ……………………………………… 81
第四节　古代美洲科学技术 ………………………………………… 85

近代篇

第四章 近代科学革命 …… 90
第一节 文艺复兴、宗教改革与航海探险 …… 90
第二节 哥白尼提出日心说 …… 95
第三节 开普勒立法天空 …… 98
第四节 伽利略奠基近代科学 …… 100
第五节 牛顿统一天与地 …… 106

第五章 18世纪的工业革命及启蒙运动 …… 112
第一节 工业革命 …… 112
第二节 启蒙运动与社会科学的兴起 …… 116

第六章 19世纪的生命科学 …… 123

现代篇

第七章 物理学革命 …… 134
第一节 相对论 …… 134
第二节 量子力学 …… 144

第八章 改变世界观的新科学 …… 153
第一节 微观物理学 …… 153
第二节 现代宇宙学 …… 159
第三节 生命科学 …… 164

第九章 大科学时代的科学、技术与社会 ········ 170
第一节 大科学时代的特点 ········ 170
第二节 核科学与核威胁 ········ 174
第三节 基因工程与生命伦理 ········ 179

附 录 ········ 188
参考文献 ········ 191

绪　论

人们自己创造自己的历史，但是他们并不是随心所欲地创造，并不是在他们自己选定的条件下创造，而是在直接碰到的、既定的、从过去承继下来的条件下创造。一切已死的先辈们的传统，像梦魇一样纠缠着活人的头脑……

——马克思

旧人文主义者同科学家之间只有一座桥梁，那就是科学史，建造这座桥梁是我们这个时代的主要文化需要。

——萨顿

现代科学和技术造就了今天这个世界。作为人类智慧和实践的产物，这两者都代表着人类集体成就的高峰，理所当然会引起我们的极大关注，并促使我们想要追根溯源。事实上，科学和技术的历史是关于科学和技术在过去不同时期所呈现的种种不同传统的一连串革新。那些传统体现了不同的社会、经济和文化形态，也就代表了各个历史时期的特征。因而，进入科学技术史领域，呈现在读者面前的是一幅“全景图”。在这里，科学和技术被放在广阔的历史背景下介绍，读者会发现科学技术史构架了一座沟通科技与人文的桥梁，会发现科学传统的演变与世界历史紧密相连，战争、宗教、制度、经济、哲学、艺术等人文因素鲜活地存在于科学技术变革的每一个环节；会发现科学与技术的联姻历经波折，二者从平行发展到相互碰撞、相互促进，技术的突破和科学的发展在你追我赶中共同促进着人类社会的发展；还会发现全球视野下的科学技术史不但是人类探求真理的历史，还是人类探求正义与和平的历史。英国哲学家弗朗西斯·培根说过“知识就是力量”，还说过“读史使人明智”，学习科学技术的历史将使科技时代的我们变得深思熟虑、深谋远虑。

一、科学、技术与科学技术

历史上，在古代甚至近代早期，科学与技术的关系并不大密切。科学被一些有知识、有学问、有身份的人所掌握，而技术则由一些无名的工匠所传授，科学没有为更新技术做些什么，也很难做些什么。这些情况使得早期的科学成就与技术成就只可能大致按照年代顺序简单地放在一起叙述，也使科学史和技术史在很长的一段时间里处于分离状态。然而，进入20世纪以后，科学和技术、研究和开发，被看作是几乎不可分离的连体孪生姊妹，现有的辞书中，把技术定义为应用科学。甚至报刊上“科学新闻”栏里的报道，多半说的是工程技术，而非科学成就。这种密不可分的关系，也使得当代科学史的研究从纯科学研究拓展为科学技术和社会密切联系的工业科学研究。因此，介绍科学技术史首先要先弄清楚科学的内涵和外延，以及科学与技术之间的关系。

1. 什么是科学

今天所说的科学，在人类历史上是非常晚近的东西，“scientist（科学家）”一词直到19世纪才出现，那是在1833年剑桥大学召开的英国科学促进会的一次会议上，著名科学史家和科学哲学家威廉·休厄尔建议仿照“artist（艺术家）”一词创造一个新词“scientist（科学家）”，用来称呼一些像法拉第那样在实验室中探索自然奥秘、增进人类自然知识的人。但要知道，到了1833年，人类历史上出现的大科学家已经不计其数了，他们的名分是什么？原来，他们自称也被称为自然哲学家，他们自认为所从事的是自然哲学研究。对这一点，我们从许多科学著作的书名中亦能看出：牛顿创立牛顿力学体系的原著是《自然哲学的数学原理》（1687）；进化论最伟大的先驱拉马克的代表作是《动物哲学》（1809）；近代原子论在化学中的复兴者道尔顿的著作是《化学哲学的新系统》（1808）；光之波动说的光大者、英国物理学家托马斯·杨出版了《自然哲学讲义》（1807），而且以这个题目作为当时教科书的名字是比较普遍的。这件事说明了什么呢？它表明，独立的科学传统的形成是非常晚的事情，在这之前，科学寄附于哲学家传统和工匠传统。“在近代历史之前，很少有什么不同于哲学家传统，又不同于工匠传统的科学传统可言。但是，科学是源远流长的，可以追溯到人类文明出现以前。不管我们把历史追溯多远，总可以从工匠或学者的知识中发现某些带有科学性的技术、事实和见解。不过，在近代以前，这些知识或服从于哲学传统，或服从于工艺传统要求。”① 因此，在人类漫长的文明史中，一直存在着两个传统——哲学家传统和工匠传统，它们共同构成了科学的历史渊源。只不过，哲学家传统留下

---

① 梅森．自然科学史．周煦良等译．北京：商务印书馆，1980.1.

的史料更为丰富。因为，哲学家传统中的科学，或所谓的纯科学、理论科学、基础科学，往往通过著作的方式保存到现在，而工匠传统中的科学，其器物随着时间的推移而泯灭，其发明的过程只通过传说被极不可靠地流传到现在。当然，史料来源的差异也使得纯科学的研究相对来说成熟一些。

然而，科学发展至今，它不但是一种特殊的知识体系，还是一种特殊的社会活动和一种特殊的社会建制，故理解科学的完整概念要从以下三个方面来进行整体把握。

（1）科学首先是一种依一定方法获得的知识体系。

科学是依照经验理性的方法，即采取实验的和逻辑的方法，揭示对象世界（自然、社会等）自身的规律而形成的知识体系。这是什么样的知识体系呢？它不是零散的和杂乱的，而是概括性的和系统化的，它以最少的概念和命题解释最广泛、最普遍的经验现象。它以某种概念框架为核心，这种概念框架构成一种范式（paradigm），如大气压力的理论范式，燃烧氧化说的理论范式，牛顿力学的理论范式。它既是一定时期科学家们研究的成果，是一门科学成熟的表现，又是科学家们研究的纲领和教育接班人的纲领，由此而形成科学共同体。

（2）科学是现代生活方式的一个组成部分。

科学研究是社会中有一定地位的特定人群，为了追求真理、增长新知识，有组织地进行的社会劳动。他们聚集在大学、研究所等机构里，使用各种仪器、设备和试剂，探索自然、观察自然现象、解释自然事实、建立自然理论。于是他们的行动便具有下述两个特征：①发现、解释和论证的特征。科学依经验理性的方法，分门别类地对自然界进行研究，发现、解释和论证自然现象。②检验和复证的特征。科学家不仅要通过观察与实验对已发现的事实和规律进行严格的检验，而且还要经过许多其他的科学家加以检验、论证、复证，以便使个人获得的知识成为社会的共同财富。这里包括论文发表、复证、同行评议、鉴定等活动过程。

（3）科学是一种特殊的社会建制。

当前，科学的研究活动很少是由互不依赖的个人去进行的，而是研究者相互交流、相互作用的结果。我们把遵循一定的科学规范，在其中进行科学活动，保持相互交流的科学工作者群体叫做科学共同体，它是科学建制的基本单元，在这一基础上建立各种科学家团体或学术团体和全体科学家团体，组成有层次结构的科学建制。在这些社会建制中，我们可以首先将它划分为正式的组织形式和非正式的组织形式。所谓正式的组织形式或正式的组织机构，是有形的被公认为科学家的社会组织，如大学的科研机构、研究所，社会上的学会、协会、科学院等。例如，由伽利略等人参与组建的林赛科学院（1603），由波义耳等人发起、以培根为精神领袖的皇家学会（1662），由笛卡尔等人发起的法兰西科学院（1666），由莱布尼茨等人发起的柏林科学院（1700）等科学家组织就是这种正式的学术团体。另一种组织机构，属于非正式的组织，它是无形的，被称为“无形学院”。在这种非正式的学术群体中，科学家志趣相投、频繁交流、互送论文、互相通信，不时举行研讨会和学术沙龙，并由此形成学派。如德国著名的李比希学派、丹麦的哥本哈根学派、美国的摩尔根学派等，麦克斯韦的“十二使徒社”，爱因斯坦的“奥林匹亚科学院”，以及维纳“每月聚餐会”等便属此类。历史上，正式的学术科学建制是由非正式的学术社团发展起来的，由于其对科学发展的作用巨大和社会影响不可忽视，有些科学组织还得到了政府的支持，甚至成为官方机构。

科学作为一种社会建制，除了可以划分为正式组织形式和非正式组织形式之外，还可以划分为学术性和非学术性这两种组织形式或体制模式。一直到20世纪中叶，学术性组织形式始终在科学组织形式中占据着主导地位。非学术性组织形式也称工业科学组织形式，起源于19世纪末工业的发展，它的进一步发展是20世纪中叶以后出现的所谓工业多学科研究与开发实验室（Multidisciplinary Research and Development Laboratories，简称R&D实验室）。也正是在20世纪中叶以后，工业科学组织才取代了学术性科学组织的地位，成为主要的科学组织形式。

纯学术性科学组织的特点是：第一，几乎所有的科学研究工作都在大学中进行，或者大学是科学研究的主力军。第二，大学设立少数教授席位，一般一个大学科一名，获得学位的青年学者必须有研究成果并经正式考核才能谋得讲师职位，讲师又必须经过多年的独立科学研究获得成果经严格考核才能升为教授。于是整个教学生涯同时又是独立研究的生涯。第三，教授在研究方向、研究强度、研究结果等方面，完全由自己决定，无须向学校当局负责，学术自由被看作是至高无上的普遍原则。第四，教授直接掌握实验室，在其指导下，一批助手与研究生进行严格的实验和自由的学术讨论。第五，此类社会组织有四项基本伦理规范：普遍性原则、知识共有原则、无私利原则、理性至上原则。

占主导地位的工业科学组织开始于20世纪30年代，这时由于科学向微观与宏观深入与扩展，实验室的规模空前巨大，耗资巨大，要求多学科和多种人才共同配合，实验室变成了几千人的城市。最典型的例子是高能物理实验室、原子弹和氢弹研制以及阿波罗登月计划的实施。美国费米实验室，仅加速器设备的费用就达4亿美元，阿波罗登月计划耗资300亿美元，后来美国星球大战计划耗资2 000亿美元。这时，科学家在严密的社会组织管理和分工下进行工作，科学家变成了科学工人。这个阶段又称为大科学阶段，典型的科学组织形式是工业多学科研究与开发实验室（R&D），它们中一些是设立在大公司下面的，一些是国家办的。这种新时期科学组织形式的特点是科学、技术、生产一体化。这是因为：①科学研究越来越依赖于强大的工业技术，高能物理依靠少数几个国家才有的巨大加速器，地质科学、气象科学依赖于资源卫星和气象卫星等。②工业生产越来越依赖于科学来开辟新的工业、技术领域，如核物理开辟新能源工业，固体物理开辟电子技术新领域等。③从理论上的发现到技术上的发明和生产上的应用周期越来越缩短。“科研生产联合体”、“科学工业区”、“科学城”等这些科学、技术、生产一体化组织就是它们紧密结合的必然结果。科学、技术、生产一体化以及R&D的科学组织使得基础学科与应用学科、科学与技术、科学家与技术家的界限逐渐模糊，乃至消失。因为知识密集型工业雇用了许多经过长期高级训练的科学工作者或者科学家，进行技术工作和基础研究工作，同时典型的科学家又要做大量的管理工作、组织工作和技术工作。正如齐曼所言：“科学作为一种生活方式，在过去的半个世纪中已发生了巨大变化，比起过去来，它不易区别于通常的工业、商业、管理或行政活动。”①

以上就是关于科学的完整概念。在这个完整的概念中，我们要将科学共同体与科学的社会组织体系看作是它的基本要素之一。因为科学活动是在其中运作的，科学成果是在其中做出、发表、交流和评价的，科学知识体系是在其中建立、变更和发展的。需要指出的是，理解科学概念时，需要将科学与技术区分开来。

2. 技术

所谓技术，是指为了完成人类特定的实用目标而协调运作的工具和规则的体系，主要是人类为生产物质财富而运用的材料、能源、动力、工具以及工艺和控制的整个系统。有关这个系统的知识、方法、技能或技巧叫做技术知识，有时也列入技术的范畴。科学与技术的区别可以归纳为下列五点：

（1）直接的目的不同。

科学的目的或其内在的价值不是生产财富，而是弄清自然事实，探索自然规律，获取知识。而技术的目的和价值在于改造自然，获得财富。当然，

① 齐曼．知识的力量——科学的社会范畴．许立达等译．上海：上海科学技术出版社，1985．215．

科学的作用归根到底是改造自然和增加人类的财富，所以科学在生产中的应用便成为技术，于是科学就被视为在文化方面通向经济效用这个目标的手段。但是科学有自己的自主性，或者说作为社会独立的子系统，科学有自己独立的系统目标。这个目标不是增加人类的财富，而是增长人类的知识。为此，科学有时不但不增加社会财富反而要消耗大量社会财富。例如阿波罗登月计划是一项研究月球的科学计划，不但没有生产财富反而要消耗几百亿美元的财富，才有可能把火箭和登月艇送到太空中去，所以不能用狭隘的观点来看待科学的经济效益。天体物理和基本粒子的研究似乎永远不能为我们生产面包和牛奶，但它对于科学来说却是比任何物质利益都要有价值的东西。

（2）具体对象不同。

科学的对象是自然界，是客观自然系统，如物理系统、化学系统、生物系统和社会系统等。它所要研究的是这些系统的结构、功能与规律。而技术的对象是人工自然系统，即被人类改造过的、为人类的目的而制造出来的人工物理系统、人工生物系统等。

（3）所回答的问题不同。

科学回答的问题是“是什么”的问题，即“knowing”的问题；而技术要回答的问题是“怎样做”的问题，即“doing”的问题。例如，某工厂为解决人造皮革问题，请来科学家与技术家。科学家关心的问题是知识，他们将人造皮革问题设定为一个科学问题，即人造皮革的分子结构是什么，对此，科学家会进行这样的论证：天然皮革的三维空间分子结构过于复杂，目前还不能作出精确描述，所以合成皮革是没有希望的。而技术家关心的是怎么做出来的问题，他们这样论证：我们能否制造出一种材料，在用途上起到替代天然皮革的作用。

（4）评价的根据不同。

科学评价依据的是论著，所以科学的生命在于文献，它的原则是 publish or perish，即发表论著或者学术生涯的终结。这是因为科学的基体是它的理论结构。科学实践也是科学的，而不是技术的，它从属于科学理论结构，由理论将它设计出来，并为发现与检验理论服务。而技术评价的依据不是论著，而是产品，是人工的物质制造品，技术的知识是为了生产和掌握这些物质制造品而服务的。

（5）与市场的关系不同。

科学无市场和市场价格，不能靠出售科学所发现的定律或科学所阐明的理论来获利。科学成果无专利，也无法专利，它一经创造出来便属于科学共同体或整个科学社会所有，保密是不道德的行为。相反，技术却不同，技术有市场和市场价格，它有专利。在技术上保密是道德的行为。所以，侵犯他人的专利权、知识产权都是不道德的，甚至是违法的。

3. 科学技术

尽管科学和技术之间有着泾渭分明的区别。然而，它们之间由一系列中间环节将二者联系起来，这就是科学的基础研究、定向基础研究、科学的应用研究、技术的开发研究和生产技术。上面讨论的科学与技术的区别，是截取两头以将它们两极化，即一极是理论科学与基础研究，另一极是生产技术。事实上，科学技术是从基础科学研究到生产技术的整个连续体，它是人类认识自然和改造自然的整个能动性的链条，其中每一个环节都可以叫做一种科学技术，于是就有了“科学技术”这个统一概念。

根据联合国经济合作与发展组织（OECD）1970 年公布的《科学与技术的测量》报告，可以将科学技术划分为四个部分。

（1）理论科学和基础研究（basic research）。

基础研究的目的是探索自然规律，获得新的知识和理论，它不是由实践或应用来定向的。例如，爱因斯坦的相对论研究就属于一种基础研究。基础研究又可分为两类：纯粹基础研究和定向基础研究。纯粹基础研究的课题是由科学家自己自由决定的，而定向基础研究的课题则是由雇用科学家的组织按照特殊领域来决定的。

（2）应用科学和应用研究（applied research）。

应用研究是为了实用的目的而进行研究和获得知识，它研究第一类研究中得出的科学原理如何应用，如何将其转化为生产技术、工程技术和工艺流程的原理与方法。工科大学、农科大学、医科大学、财经管理科大学各专业的专业基础课程及实验，就是反映这个类型科学研究的结果。

（3）技术开发研究（technological development research）。

技术开发研究主要是将理论上的成果和实验室的技术通过中间实验改造为可直接用于生产的东西，包括新材料、新设计、新产品、新流程、新系统和新服务等。在发达国家，这项研究主要在企业中进行。例如，目前日、美、德三个国家企业中的开发研究经费就占了该国全部科学技术研究经费的 70% 左右，其人员占该国全部科学技术研究人员的 65%。

（4）生产技术（Technology）。

生产技术实现了科学的应用，体现为生产中的物质设备与装备以及生产者的技术水平。

上述四类科学技术活动及其相互关系，可以用生物化学及其医学应用的一个例子来加以说明。例如，弄清抗体的生物大分子的氨基酸结构的研究属于基础研究，应用这些知识来区分不同疾病的抗体属于应用研究，合成治疗某种疾病的抗原与抗体的研究属于开发研究，大批量生产治疗某种疾病的抗体的技术属于生产技术。这四种研究分类，20 世纪以前在社会组织和人员上是分离开来的；而在 20 世纪以后，这四类科技研究只是在功能上区分开来，在社会组织上不能区分，如下图所示：

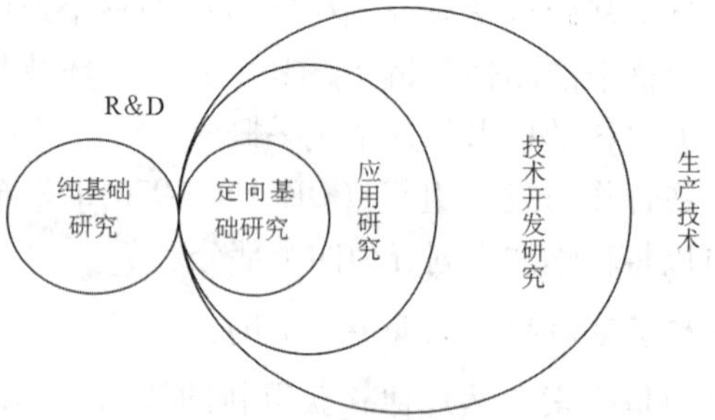

R&D 组织模式下四类科学技术研究的关系

综上所述，科学不仅是依照经验理性的方法取得的一种特殊的知识体系，而且是一种社会地组织起来的文化活动和社会建制。20 世纪 30 年代以前，科学的社会建制以纯学术性科学组织为主，科学和技术在研究目的、评价方式、问题预设、社会组织、人员构成方面都有较明显的区分，而 20 世纪 30 年代以后，工业性的科学组织占主导地位，科学和技术的界限越来越模糊，二者被“科学技术”这一概念所取代，从基础科学研究到生产技术的整个连续系统中，每一个链条都称为科学技术。

二、科学技术史作为一种广义的科学史

对应于科学的上述不同内涵变化，科学史至少有 3 种不同的写法：理论科学史、科学社会、科学技术史。其中科学技术史的涵盖面最广，既包括理论科学史，也容纳科学社会史，同时还关注技术史，可以说科学技术史是最为广义的科学史。作为一本通识类读物，本教材选择的题材尽量满足读者全方位了解科学的需要，既有关注科学概念和理论内在逻辑发展线索的理论科学史，也有把科学作为社会活动和社会建制的科学社会学；既包括关于哲学

家传统的科学发展史（如物理学、化学、生物学），也包括工匠传统的科学技术发展史。因此，本书在内容上属于最为广义的科学史，即科学技术史。其中，内容的编排依循科学的历史发展和社会建制形式转变而有所侧重，因而在学科归属上仍属于科学史学科。

1. 科学史学科的确立

科学史的萌芽大约出现于两千年前，可见于古希腊时代的某些著作中。在科学著作中追溯有关的历史人物、著作或事件，一直是西方许多学者的喜好。在中国古代，也有一些即使今天看来也称得上科学史研究的工作，但严格意义上建制化的科学史则是20世纪初的事情，在科学史专业学科地位的建制化过程中，著名科技史家乔治·萨顿（George Sarton）的贡献被公认为是最重要的。

一般来讲，一个学科建制确立起来需要同时满足3个条件：一是有专业的学术共同体，二是有专业的学术期刊，三是在大学有专业的教授席位以及相关的专业培养体系。科学史学科建制化的确立和完成均与萨顿有关。萨顿于1884年出生于比利时一个富裕家庭，上大学最初学的是哲学，后改学化学和数学，27岁那年（1911年）以题为“牛顿力学原理”的论文获得博士学位。1912年，萨顿创办了一份科学史杂志——ISIS，次年正式出版。该杂志持续出版至今，每年四期，外加一期索引，是国际上最权威的科学史杂志。1915年，萨顿来到美国（ISIS也随之带到美国出版），此后他主要在哈佛大学讲授科学史。1924年，美国历史协会为了支持萨顿在科学史方面的努力，成立了科学史学会，1926年ISIS成为该学会的机关刊物。从1936年起，萨顿又主持出版了ISIS的姊妹刊物——专门刊登长篇研究论文的OSIRIS①（不定期专刊）。1940年，哈佛大学设立科学史教授席位，萨顿被任命为首位专职科学史教授，成为人类文明史上第一个开设科学史教程的学者。萨顿还制订了完整的科学史专业教学计划和博士学位研究生教学方案。1942年，萨顿亲自指导的第一个科学史专业博士研究生毕业。

萨顿于1956年3月22日去世，终其一生，共完成专著15部、论文及札记300余篇。为了广泛阅读科学史资料，他掌握了14种语言，包括汉语和阿拉伯语。他的著作《科学史引论》，论述从荷马时期到14世纪的科学历史，在1927—1947年间出版。他晚年的宏大计划是写作1900年之前的全部科学

---

① Isis本身为古埃及神话中的丰饶女神、航海女神，又是女性与忠贞的象征，并被视为法老之母，艳丽异常，魔法无边。Osiris则是其兄兼丈夫，是自然界生产力之神，亦为丰饶之神，又是冥王，乃阴间审判者。

史，全书9卷，但是他生前仅来得及完成到14世纪。

在萨顿身后，科学史已经成为一个公认的学科。萨顿则被公认为科学史这一学科的奠基人，也经常被称为“科学史之父”。1955年1月，国际科学史学会以萨顿的名字设立了该学科的最高荣誉奖——“萨顿奖章”，并将第一枚奖章授予萨顿本人。

科学史学科在中国的建制化起步于20世纪50年代，象征性的事件是1957年中国科学院成立“自然科学史研究室”。1975年，该研究室扩建为中国科学院自然科学史研究所，成为科学史这个学科在中国的“国家队”。另外，新中国成立后开拓农史学科的前辈学者自觉着手于农业史（尤其是农业科技史）研究，代表性的机构是农业部所属的四个重点农史研究单位，它们是：1955年成立的中国农业遗产研究室（其前身是1921年创建的金陵大学农史资料组，2001年重组为中华农业文明研究院，由中国农业科学院和南京农业大学双重领导）、西北农业大学1956年成立的古农学研究室、1978年创建的华南农业大学农业历史遗产研究室以及1978年成立的北京农业大学（现中国农业大学）农史研究室。

国内首个科学史系则是1999年在上海交通大学成立的。之后，国内又接连建立了另外三个科学史系。现有的这四个科学史系依次是：上海交通大学的科学史与科学哲学系、中国科技大学的科技史与科技考古系、内蒙古师范大学的科学史与科技管理系、中国科学院研究生院的科技史与科技考古系。

2. 科学史的功能

科学史有什么功能呢？至少有三种功能：有助于科学研究和教学、沟通科学与人文学科的桥梁、相关人文学科之基础。

（1）有助于科学研究和教学。

目前，为了掌握一门科学知识，我们大多不是从阅读这门学科的历史开始，而是从记住一大堆陌生的符号、公式、定理开始。然后是在教师和课本的示范下，反复做各种习题，直到能把这些陌生的公式、定理灵活运用于处理各种情况为止，才算掌握了这些知识。但我们真的理解了这些知识吗？那可不一定。知道（knowing）并不等于理解（understanding），会解题并不意味着掌握了科学知识，在深入理解科学知识的本质方面，科学史是有用处的。

一门科学的历史描述是对该题材最透彻的探究，并形成最深刻的洞察。对科学的历史进行研究，通过揭示历史上存在的大量的传统性和偶然性的东西，不仅能使我们加强对现在科学的了解，而且能给我们带来科学发展的新的可能性。

曾被爱因斯坦、普朗克、玻尔誉为相对论和量子力学启蒙者的德国哲学家马赫就曾断言："（科学的）启发方式只有一种——学习历史！"① 著名法国数学家彭加勒也说过："为了预见数学的未来，正确的方法是研究它的历史和现状。"② 费耶阿本德一言以蔽之："一门科学的历史成为这门科学本身的一个不可分离的部分——它对于这门科学的进一步发展，以及对于给予这门科学在任何特定的时期包含的各个理论以及内容，都是必不可少的。"③ 伊利英和卡林金列举得更为具体：科学史激励研究工作（提供元素论、进化论等模型、研究纲领）；它包含知识动力学的综合的全景，从而加速对科学内部的透视和可能性的知觉（何处、如何、到哪里、为什么和赞同什么）；由于积累了到达知识的道路、分析对象的形式和模式的信息，实现了教育的功能。科学史的所有这些方面促进了对所研究对象的恰当的认知重构，该研究使它成为科学的有机组成部分。④

西方发达国家已经认识到科学史在教育中的重要性。以美国为例，1989年美国促进科学协会发表题为《普及科学——美国2061计划》的总结报告。该报告建议在教育中加入科学史内容，原因是：其一，"离开了具体事例谈科学发展就会很空泛"；其二，"一些科学进展为人类文化遗产作出过卓越贡献……这些历史篇章为西方文明中各种思潮的发展树立了里程碑"。入选的科学进展包括：伽利略的理论，牛顿定律，达尔文的进化论，赖尔核实了地球的漫长历史，巴斯特证实了微生物引起传染病。

在"2061计划"之后，1994年，美国国家研究委员会通过了《国家科学教育标准》，其中就有"科学的历史与本质"这一部分，将科学史的教育贯穿在从小学到高中的教育过程中。其要点包括：逐步理解科学是一种人类的努力，逐步理解科学的本质和科学史的一些内容。其中，科学史的内容要求有3点值得注意：①许多个人对科学传统作出的贡献。对这些科学家个人的研究增进四方面的认识，即科学的探索、作为一种人类努力的科学、科学的本质、科学与社会的相互作用。②历史上，科学是由不同文化中不同的个人来从事的。③通过追溯科学史可以表明，科学的革新者们要打破当时已被人们广泛

---

① E. Mach. *History and Root of the Principle of the Conservation of Energy.* Open Court Publishing Company, 1991, pp. 15 – 16. 转引自李醒民．关于科学史的几个问题．载中国政法大学学报，2011（2）：17.

② 彭加勒．科学与方法．李醒民译．沈阳：辽宁教育出版社，2000. 10.

③ 费耶阿本德．反对方法．周忠昌译．上海：上海译文出版社，1992. 166.

④ V. Ilyin and A. Kalinkin. *The Nature of Science: An Epistemological Analysis*: Moscow: Progress Publishers, 1988. 13.

接受的观点，并得出我们今天看来是理所当然的结论，曾经是多么困难的事情。①

上面所举，在美国基础教育改革中，科学史扮演了一个重要角色。然而，在我国的基础教育体系中尚未引入。因此，当我们的高中毕业生进入大学后，和美国大学生相比，他们可以说缺了科学史这门课。

（2）沟通科学与人文学科的桥梁。

萨顿曾明言道："在旧人文主义者同科学家之间只有一座桥梁，那就是科学史，建造这座桥梁是我们这个时代的主要文化需要。"科学史正是以沟通科学与人文为己任，力图阐明科学的历史也是"人类统一性的历史，是它的崇高目标的历史，是它的逐步实践的历史"。② 科学分支之间的相互联系，表明科学无限多样性背后具有深刻的统一性。特别是，他可以向学生们说明，他们所学的全部课程都是相互联系的，他们已经学到的一切东西都是结合在一起的；这样的教学对于他们来说是人生最好的必需品，一种释然于怀的信心；对科学统一的感觉将使他们自己的品格更加纯正，是否更加分明？③

对于一个当代大学生来说，学习科学史非常重要。1998 年 10 月，联合国教科文组织在巴黎召开的"世界第一次高等教育大会"指出：高等教育的首要任务是培养高素质的毕业生与负责任的公民。科学史中强调科学的人文精神就属于这里所说的高素质和负责任。

具体而言，如果认为理工科大学生只需要学好专业知识，至于科技史、哲学则是可有可无、无关紧要的，那么你就大错特错了。许许多多"有知识没文化"的人正是受此想法影响而产生的。比如，许多工程技术出身的人，一事当前，总是只想到用技术去解决问题，却往往不先思考：这个问题值不值得解决？解决了会不会产生更大的问题？会不会得不偿失？等。科学只能教人怎样做事，人文才能教人怎样做人。一个人来到社会，想要实现他的理想，成就他的事业，那么对他来说，如何做人的学问永远比如何做事的学问更加重要。所以，如果你不满足于当一个匠人，而想成为自己的主人，那你必须要有人文。

这里的人文，首先指的是与科学相关的人文道理。美国科学家斯佩里在 1985 年获得了诺贝尔奖，他发现人的左脑主管逻辑思维，逻辑思维跟科学技术工程领域的活动有关；右脑主管形象思维，形象思维与人文艺术活动有关，

---

① 江晓原．科学史十五讲．北京：北京大学出版社，2006. 6.

② 萨顿．科学的历史研究．刘兵等编译．上海：上海交通大学出版社，2007. 158.

③ 钮卫星，江晓原．科学史读本．上海：上海交通大学出版社，2008. 31.

而右脑的记忆力是左脑的 100 万倍。他的结论就是智力开发主要在右脑。也就是说，人文教育对于开拓人的思维极有好处。一个伟大的科学家的突破性创新常常源于形象思维，爱因斯坦的相对论就是受马赫对牛顿自然哲学的批判的启发而得，他说："马赫曾经以历史的批判著作，对我们这一代自然科学家起过巨大的影响。"①

也许文科大学生会说："学理工科的同学需要读读科学史确实尤其必要，但我就没什么必要了吧，我学的就是人文，而且我对科学技术根本不感兴趣。"

但是你也错了。如今这个世界，即使你对科学技术不感兴趣，科学技术却全面包围着你、影响着你、诱惑着你、消费着你——只要你是纳税人之一，科学技术就在用着你交纳的钱。所以，不管你对科学技术有没有兴趣，你都需要懂得与科学技术有关的道理，需要不断提升你的科学素养。而这，可以从科学史中获取。

总而言之，科学史学科尝试呈现科学的历史是科学和人文精神相融相利的过程，并在这个过程中启思扬善。

（3）相关人文学科之基础。

科学史还是历史学、科学哲学、科学社会学等相关人文学科的知识背景、研究基础。

科学史首先是一门历史学科。它对于历史学的重要性早在 1971 年库恩的《科学史与历史科学》一文中就被阐明："一个历史学家，如果要深入考察历史发展的社会经济背景，或者要讨论价值观念、人生态度和思想意识变迁的话，那他就必须涉及科学史。"②

其次，科学史与科学哲学的关系问题，拉卡托斯套用康德的著名格言，可谓一语中的："没有科学史的科学哲学是空洞的，没有科学哲学的科学史是盲目的。"他想用这句话说明，科学史与科学哲学应该怎样相互学习。他的具体回答和做法是：①科学哲学提供规范方法论，历史学家据此重建"内部历史"，并由此对客观知识的增长作出合理的说明；②借助于（经验规范地解释的）历史，可对相互竞争的方法论作出评价；③对历史的任何合理重建都需要经验的（社会—心理学的）"外部历史"加以补充。③ 由此可见，科学史与科学哲学是双向互动的：相互补充、彼此促进、珠联璧合。

---

① 爱因斯坦文集（第一卷）. 许良英，范岱年译. 北京：商务印书馆，1976. 84.

② Thomas S. Kuhn. *The Essential Tension*. Chicago：The University of Chicago Press，1977. 128.

③ 拉卡托斯. 科学研究纲领方法论. 兰征译. 上海：上海译文出版社，2005.

关于科学史对科学哲学的作用，库恩发表过中肯的见解：科学史有助于填补科学哲学家与科学本身之间颇为特殊的空缺，可为他们提出问题，提供资料。…… 历史学家研究过去，关心历史中的发展以及对未来的有效展望，这给予历史以特殊优越性。在哲学家可用来进一步了解科学的几种可能方法之中，历史提供了一种最实际、最有效的方法。

最后，科学社会学的研究对象就是科学，如果不了解科学的历史，也就无法开展科学社会学的研究。因此，科学史作为科学社会学的研究基础一目了然。

3. 科学史的研究方法

(1) 编年史方法。

这种方法在古代史学中早已被使用，也是现代形态的科学史研究中仍在大量使用的方法，在目前国内科学史界则仍是最主要的方法。在中国，这种方法与当年乾嘉诸老的考据之法有一脉相承之处。编年史的方法主要是以年代为线索，对史事进行梳理、考证，力图勾画出历史的准确面貌。国内前辈学者的两部同名的《中国天文学史》就是使用编年史方法完成的。此法的优点首先是无论在什么情况下都不可能不在一定程度上使用它。其弊端则在于有时难免流于琐碎，或是将研究变成“成就年表”的编制，而缺乏深刻的思想。

(2) 思想史学派的概念分析方法。

这种方法在科学史研究中的使用，大体到 20 世纪才出现。这种方法主张研究原始文献——主要不是为了发现其中有多少成就，而是为了研究这些文献的作者当时究竟是怎么想的，重视的是其思想的发展和演化。体现这种方法的科学史著作，较著名的有 1939 年柯瓦雷（A. Koyre）的《伽利略研究》和 1949 年巴特菲尔德（H. Butterfield）的《近代科学的起源》等。

(3) 社会学的方法。

该方法也是 20 世纪出现的。1931 年，苏联科学史家在第二届国际科学史大会上发表题为“牛顿《原理》的社会经济根源”的论文，标志着马克思主义特有的科学史研究方法的出现。这种方法此后得到一些左翼科学史家的追捧，1939 年贝尔纳（J. D. Bernal）的《科学的社会功能》是这方面有代表性的著作。而几乎与此同时，默顿（R. K. Merton）的名著《十七世纪英国的科学、技术与社会》（1938 年）也问世了，成为科学社会学方面开创性的著作，这两方面在科学史研究中构成所谓的外史学派。相应地，编年史和思想史被称为内史研究。

以上三种方法，从本质上来说未必有优劣高下之分，成功的科学史研究常常是三种方法的综合。

（4）分析与综合相结合。

科学史，包括许多专门科学的历史，如物理学史、化学史、天文学史、数学史、地学史、生物学史、工程学史、农业科学史、医学史、经济学史、管理学史、人类学史等。首先必须分门别类研究专史，然后加以综合，研究科学通史。本书是一门综合的科学史，以时间为经，以各门学科为纬，纵横交错进行论述。因此，本书采取的是分析与综合相结合的方法，力求既保持历史线索的连贯性，又以案例展示的方式深入解剖思想概念在科学发展中的逻辑关联。

延伸阅读

1. 萨顿．科学的历史研究．刘兵等编译．上海：上海交通大学出版社，2007.

2. 张华夏．现代科学与伦理世界：道德哲学的探索与反思（第2版）．北京：中国人民大学出版社，2010.

思考题

1. 试述科学史的研究对象、研究方法和学科功能。
2. 什么是科学？科学与技术的区别和联系是什么？

古代篇

历史是自然史与人类史的辩证统一，始终表现为一种难以分割的自然运动过程。为了表述的方便，人们往往将历史粗略划分为古代、近代和现代三部分。相对于近代、现代而言，古代是一个相当漫长的过程。从外国（特别是西欧国家）来看，古代一般指从人类社会产生直到公元 15 世纪文艺复兴之前。它大致可分为上古、中古、近古，分别对应于原始社会、奴隶社会和封建社会。就中国这个历史延续性最强的文明古国而言，古代一般指从远古到鸦片战争之前。若具体到某些学科，情况则另有不同。中国大学（科学技术）史，不妨首先了解中国，然后再观察中国所在的亚洲和世界其他地方。

第一章　古代中国科学技术

在中华民族的开化史上，有素称发达的农业和手工业，有许多伟大的思想家、科学家、发明家、政治家、军事家、文学家和艺术家，有丰富的文化典籍。在很早的时候，中国就有了指南针的发明。还在一千八百年前，已经发明了造纸术。在一千三百年前，已经发明了刻板印刷。在八百年前，更发明了活字印刷。火药的应用，也在欧洲人之前。所以，中国是世界文明发达最早的国家之一……

——毛泽东

第一节　原始技术与科学知识萌芽

科学技术与人类自身相伴生和发展，而人类的起源及其相关问题尚存在不少争议和空白。太阳系的年龄不得而知，宇宙的年龄更难以估测。大略言之，地球的历史约为46亿年，人类的历史仅有数百万年，有文字记载的历史不过数千年。

一、原始技术

1. 原始工具

在农业文明发生之前，定有一个相当漫长的森林文明阶段，而森林文明晚期属于旧石器时代。人类最初使用的工具，应是由树枝、竹竿、兽骨、兽角、蚌壳、石头简单加工而成的。最原始的石器出土地点遍布亚非欧，而最早的出土石器是南非的库彼弗拉石器，距今约260万年。大约在一万多年前，中国先民进入新石器时代。考古学上的河姆渡、仰韶、屈家岭、大汶口、龙山、齐家等地文化遗存，都属于这一时代。当时的石器较多，如铲、斧、锛、凿、刀、镰、矛、磨盘、磨棒、纺轮、网坠等，均经过磨制，而石斧、石耒等采用了钻孔技术。彩陶、白陶分别在北方和南方出现，玉器有比较精细的加工。农业生物有粟、黍、稻、油菜、鸡、狗、猪、牛、羊等。半穴居式的房屋较为普遍。

2. 火的取用

大约在旧石器晚期，人类学会了取火、用火。由于火山爆发、雷击、枯干枝叶自燃等因素，自然界会产生火。先民最初和许多哺乳动物一样怕火，但后来知道了火的用途，就在森林大火之后，从余烬中拾取燃着的树枝，设法保留火种。蓝田人和北京人的遗址都留下了较厚的灰烬层，其中有被火烤过的兽骨，表明先民已能控制和利用火。之后的人工取火，则是更高的技术。石器原料（石英、燧石、火石）受到敲击时，偶尔会冒出火星。石器和木器在钻孔时，也会摩擦生火。《韩非子·五蠹》记载，燧人氏"钻燧取火，以化腥臊"。恩格斯谈道："毫无疑问，就世界性的解放作用而言，摩擦生火还是超过了蒸汽机，因为摩擦生火第一次使人支配了一种自然力，从而最终把人同动物界分开。"① 火的取用是远古技术史上的重大变革，对人类社会和自然界产生了极其深远的影响。

3. 弓箭的发明

人类谋取食物的最初手段，是直接采集野生植物的果实、根茎，或捕获野生动物。采集源自猿人的本能，但渔猎则是先民后天习得的技术。在旧石器时代的渔猎活动中，先民用石球（弹丸）加工成石飞索，如距今约 10 万多年前的陕西许家窑遗址，发现石球 1 000 多个。旧石器时代晚期出现了弓箭，如距今约 3 万年的山西峙裕遗址和下川遗址，都发现了相当锋利的石镞。恩格斯认为，弓箭的发明，使人类从"蒙昧时代"开始进入"高级阶段"。他说："由于有了弓箭，猎物便成了日常的食物，而打猎也成了普通的劳动部门之一。弓、弦、箭已经是很复杂的工具，发明这些工具需要有长期积累的经验和较发达的智力，因而也要同时熟悉其他许多发明。"② 到新石器时代及其以后的很长时期，弓箭在渔猎活动与战争冲突中得到更为广泛的应用。

4. 农业技术

严格意义上的生产技术，是从农业（含畜牧业）中开始的。人类通过长期的采集、渔猎活动，获得了驯化、培育野生动植物的知识与能力，于是农业应运而生。《周易·系辞下》云："包牺氏没，神农氏作。斫木为耜，揉木

---

① 中共中央编译局. 马克思恩格斯选集（第 3 卷）. 北京：人民出版社，1995. 456.

② 中共中央编译局. 马克思恩格斯选集（第 4 卷）. 北京：人民出版社，1995. 19.

为耒。耒耜之利，以教天下。”从文字记载来看，包牺氏应是采集渔猎时代的部落首领，而神农氏为最早的农耕部落首领（后来被奉为农神与医神）。全世界的农业起源中心主要有3个：西亚、中亚和东亚。东亚农业起源中心在中国，其时可溯至距今1.2万年左右。全世界的栽培作物超过2 000种，而起源于中国的近200种。例如，粟、黍、水稻、大豆、猕猴桃、茶树、桑树（连带蚕子）等农业生物，是中国先民最早驯化、培育和利用的。这方面的贡献对于人类文明进程来说，无论怎样强调都不为过。

从耕作方式上看，原始农业分为刀耕、锄耕、发达锄耕（犁耕）3个时期。刀耕农业一曰砍倒烧光农业，即刀耕火种。其最大特点是焚而不耕，不用翻土。《国语·鲁语上》曰：“昔烈山氏之有天下也，其子曰柱，能殖五谷百蔬。”烈山，即发火烧山。在锄耕农业时期，人们发明并使用锄、耜、铲之类的翻土工具。距今8 000年左右，中国一些地方就由刀耕农业过渡到锄耕农业。例如，裴李岗、磁山、大地湾、彭头山、兴隆洼等遗址均有石锄、石铲等农具出土，且有较大规模的定居遗址。发达锄耕农业时期的生产工具进一步发展，特别是发明了石犁。黄河流域出现了红铜器和青铜器，长江流域的水稻种植范围扩大，人们还栽培利用薏苡、葫芦等作物。六畜（马、牛、羊、鸡、犬、猪等）皆有饲养，牲畜栏圈也已经采用。

5. 纺织技术

与原始农业有关的工艺技术，主要是纺织和制陶。原始纺织技术发端于编结工艺。中国在旧石器时代已有编结工艺，利用的是天然植物纤维和动物纤维。新石器时代的遗址出土了不少纺轮，意味着纺织技术已经得到推广。那时的纤维植物以葛麻、苧麻、大麻为主。《韩非子·五蠹》云：帝尧“冬日麑裘，夏日葛衣”。草鞋山居民遗址出土的三块织物残片是用葛纤维织造的；河姆渡遗址出土的麻绳以苧麻为主；大河村遗址出土了不少大麻种子，说明那里可能很早就有人工栽培的大麻。人们用麻纺线，起先是用手搓捻纤维，类似于结绳。新石器时代之初，人们创造了纺轮。这种最早的纺纱工具，在裴李岗遗址中有出土。纺成的纱线要变成织物，促使人们发明了针、梭之类的工具。中国不少地方的新石器时代遗址，都出土了骨针、骨梭。中国最原始的织具腰机，也出现在新石器早期。养蚕缫丝技术，最早出现在中国境内。1926年，仰韶文化遗址出土了经人工割裂过的半个茧壳（距今约6 000年）。1958年，钱山漾文化遗址出土了用家蚕丝制作的织物（距今约5 200年）。

6. 制陶技术

约9 000年前，中国人发明了陶器。制陶技术与火的使用及熟食的摄取有关。《周礼·考工记》曰："有虞氏上陶。"南庄头和磁山遗址都出土了一些陶片。陶器的基本原料黏土要用水浸湿，再塑造成型，待干燥后用火烧结。恩格斯借鉴摩尔根（Lewis H. Morgan，1818—1881）研究美洲古代社会的成果指出："陶器的制造都是由于在编制的或木制的容器上涂上黏土使之能够耐火而产生的。在这样做时，人们不久便发现，成型的黏土不要内部容器胎，同样可以使用。"① 中国出土的早期陶器，看不出编制或木制容器胎的痕迹，应是直接用泥造型的。人们先是用泥条盘筑法，之后发明了陶轮。陶轮是最早的加工装置，是后世旋转切削机具的始祖。新石器时代晚期，烧窑技术提高，彩绘工艺出现。当时烧制的"蛋壳陶"，厚度只有1～2毫米。中国还出产白陶，用高岭土制成，后来发展为瓷器。

7. 建筑和交通技术

最早的房屋建筑技术出现在新石器时代。《周易·系辞下》云："上古穴居而野处。后世圣人易之以宫室，上栋下宇，以待风雨。"在北方，仰韶遗址的房屋分地穴式、半地穴式和地面式。半坡遗址的房屋大部分为半地穴式，其木骨涂泥的建筑方式，是土木混合结构的前身。在南方，河姆渡遗址的房屋属于杆栏式木构建筑。其中，较早的是在地上插立成排木桩，木桩上架梁，梁上搭楼板，整个房屋架空；较晚的是在地下垫木板或以烧过的土块为基础，周围立桩，然后筑墙、盖顶。在交通史上，船的出现比车早得多。《周易·系辞下》有"刳木为舟，剡木为楫"之说，堪称最早的造船技法。历史上的第一艘船，应是用一根大树干挖空而成的独木舟，配套的楫是木棍或竹竿。中国早期的船尚无考古发现，但新石器时代的桨有较多出土实物。河姆渡遗址中的一只木桨，残长63厘米。至于陆地交通工具，中国考古发现的最早的车属于商代，要晚于中亚游牧民族创制的车。

8. 原始冶金技术

在世界各古文明中，铜是最早冶炼和使用的金属，主要原因是其熔点低，易于冶炼。通常，氧化铜在800℃可以还原出金属铜，而金属铜的熔点只有1 083℃。中国新石器时代的制陶技术，能够提供这种温度的还原条件。自然界有少量天然铜，多呈红色小块状，存在于岩石中。1957—1958年，甘肃武威出土了新石器时代的一批用天然铜制作的小铜器，有刀、椎、凿、环和一些铜器碎片，其含铜量达99%以上。这些铜器多数是锻打成型的，个别是熔

---

① 中共中央编译局. 马克思恩格斯选集（第4卷）. 北京：人民出版社，1995. 20.

铸的。含铜矿石、特别是孔雀石[$Cu_2(OH)_2CO_3$]和木炭一起放在陶器内燃烧，会产生还原反应，生成较软的单质铜。为了增强硬度，人们在冶铜时加入锡、铅、锌、砷、锑等元素，制成青铜或黄铜。中国仰韶文化的红陶烧制温度为950℃，这一温度完全能够从含锡、铅的孔雀石中炼出青铜。《墨子·耕柱篇》曰："昔者夏后开使蜚镰，折金于山川，陶铸于昆吾。"夏后名启，一名开，为夏禹之子，生活在公元前2 000年左右。当时的金，指的便是铜。中国现已出土的最早青铜器，是马家窑遗址中发现的青铜刀和青铜镜，年代在公元前3 280年至公元前2 740年之间，含锡量在6%以上。中国现已出土的最早黄铜器，属于仰韶文化的半坡类型，距今约4 700年。冶金技术的出现宣告了石器时代的结束和金属时代的兴起，也意味着原始社会解体，奴隶社会诞生。

二、自然科学知识萌芽

恩格斯认为，在从猿到人的转变过程中，劳动发挥了关键作用。通过劳动，人类祖先的手和脚日益分工；而"随着手的发展、随着劳动而开始的人对自然的统治，在每一个新的进展中扩大了人的眼界。他们在自然对象中不断地发现新的、以往所不知道的属性"①。原始农业劳动，特别是发达锄耕农业劳动所提供的技术支撑和物质保障，使畜牧业、手工业先后从农业中分离出来（即人类历史上的第一、二次社会大分工），使剩余产品出现，使剥削成为可能，使阶级分化，使原始社会解体并步入奴隶社会。从科学的起源来看，原始农业劳动使人们掌握了动植物的生长规律，学会了育种、藏种，在天文、气象、物候、土壤、水文（乃至人文社会）等方面具备了一定的知识和能力，其中孕育了后世多门自然科学（及人文社会科学）的胚芽。这就是"农孕诸学"之意。

1. 农学等的起源

农学、生物学、地理学和医药卫生学的起源都与人类谋取食物的本能有一定关系。在以采集、渔猎为主要食物来源的旧石器时代，人们就能识别多种植物，知道它们开花、结果的时间；通过狩猎，人们知道了一些动物的习性，以便有效地加以捕获。地理学起源于原始人对生活环境、居住环境的感性认识。他们对地理环境有很高的重视程度和记忆能力，"能够记住他们走过

① 中共中央编译局. 马克思恩格斯选集（第4卷）. 北京：人民出版社，1995. 376.

的地方的地形和最微小的细节”①。生存的需要，促使他们对走过、生活过的地方进行了仔细观察，尽可能多地了解那里的地形、地貌、水文、生物分布情况。人们很早就知道哪些东西可以吃，有益于健康；哪些东西不能吃，甚至有毒害。《神农本草经》关于“神农尝百草”的传说，表明原始农学和医药学具有同一渊源。卫生保健学的起源，涉及很多方面，如火的利用、食物的熟化、饮水的选择（特别是水井的修凿）、居室的建造、衣被的加工和应用等。

2. 数学的起源

数学始于计数识形。初期，数与具体事物联系在一起，没有抽象的数这一概念。人们屈指计数，或用木棍、绳头、石子等物品来计数。英文 calculate（计算），源于拉丁词语 calculus（小石子）。《周易·系辞下》曰：“上古结绳而治。”这里的上古，当为新石器时代中期。结绳既记数也记事。三国时期，虞翻（164—233）《易九家义》引郑玄言：“事大，大结其绳；事小，小结其绳。结之多少，随物众寡。”甲骨文出现的最大数字为三万，说明殷商之人对自然数的认识已较为成熟。对几何图形的认识源于人们对自然物形状的感官经验，其过程与计数法相反，不是从简单到复杂，而是从复杂到简单。新石器时代中期，人们对圆的认识加深，发明了直线图形，比较注意对称图形，对球体的认识也相当深入。

3. 天文学的起源

恩格斯指出：人们“必须研究自然科学各个部门的顺序的发展。首先是天文学——游牧民族和农业民族为了定季节，就已经绝对需要它”②。在古代，天文学知识与农牧业活动关系密切。《尚书·尧典》云：“钦若昊天，历象日月星辰，敬授人时。”帝舜时期，人们怀着虔诚敬畏之心观察天象，以确定和顺应天时。《吕氏春秋》的农学论文有“审时”专篇，王祯《农书》专门绘制了授时图。并且，直到清代乾隆年间，官修大型农书尚钦定为《授时通考》。看来，在古代农业社会，天时与农时及其他活动的作息之时是高度统一的，而且农时具有战略优先地位。归根结底，统治阶级及其王朝政治机构是在农业生产有了足够的剩余之后才逐步出现的；其出现之后要继续维持下去，就永远无法离开农牧业所提供的物质基础。究其初始，天文学也来源于农牧业实践之中。

---

① 列维·布留尔. 原始思维. 丁由译. 北京：商务印书馆，1986. 106.

② 中共中央编译局. 马克思恩格斯全集（第20卷）. 北京：人民出版社，1971. 523.

4. 物理、化学的起源

最初，物理学是人们对力、声、光、热等现象的直观认识，而化学是对物质变化的认识。物理学的萌芽体现在制造劳动工具、弓箭、乐器等方面。例如，石器时代的人知道，石头比人手坚硬得多。东汉赵晔《吴越春秋》载："弩生于弓，弓生于弹。"拉紧的弓可以将箭镞发射到较远的地方，这是对弹力的认识和应用。古代声学源于人们对自然界各种声音的认识。打击石、木可以发出不同的声音，风吹空窍的声音可随意延长。这些现象启发人们制造乐器。早期化学知识应源于制陶和酿酒技术中。人们有意识地选择适当的原料，加入羼和料，控制火候，对制陶的化学过程产生了感性认识。酿酒应起源于新石器时代，在农业产生之后不久。这种化学应用技术使人们逐渐认识了谷物、果品的发酵原理。

5. 原始宗教与科学技术

原始宗教是人的思维能力达到一定高度，社会组织比较复杂时的产物。最早的宗教意识是万物有灵，后来产生图腾观念和具有至上神祇的宗教。人们在改造和适应自然的过程中，除了运用自然手段，还试图利用超自然的力量，于是便寻找和创造了宗教仪式与方法。在原始宗教仪式中，最重要的是巫术。远古时期，"对巫术的信仰是人的觉醒中的自我信赖的最早最鲜明的表现之一"①。到新石器时代，人们的宗教观念已经相当明显。中国先民祭祀自然神灵的活动，在一些古籍中有所记载。如《尚书·尧典》记载，帝尧命羲仲"寅宾出日"，命和仲"寅饯纳日"，即举行迎日出、送日落的宗教仪式。在原始社会，巫医不分。治病方法既用巫术，也用药物。巫术的重要手段是音乐和舞蹈。在早期神话思维中，古人试图用巫术影响自然界，科学技术与宗教、音乐、舞蹈、绘画（包括图腾、特别是文字，如巴比伦的楔形文字、中国的甲骨文等）混杂一处，难分难解。

李约瑟（Joseph Needham，1900—1995）认为，古代中国的"发明和发现往往远远超过同时的欧洲，特别在 15 世纪之前更是如此"②。李思孟等的《科学技术史》根据有关资料统计得知，中国古代科技成果属于"世界第一"的共有 200 多项，其中工艺机械 14 项、冶炼制造 14 项、水文地质 15 项、交通 25 项、农学 19 项、医药 31 项、数学 13 项、天文 23 项、地理 9 项、动物 3 项、植物 7 项、物理 20 项、化学 24 项、建筑 9 项、文教 13 项。后文将分三

---

① 恩斯特·卡希尔．人论．甘阳译．上海：上海译文出版社，1985. 108.

② 李约瑟．中国科学技术史（第 1 卷第 1 分册）．翻译组译．北京：科学出版社，1975. 3.

节，介绍古代中国科学技术的主要成就。

第二节　古代中国技术

历史表明，技术出现在科学之前，所以这里先谈技术。从人类社会的基本需求和文明体系的持续性来看，中国传统农业技术的长处尤为显著。为节省篇幅，现仅援引石声汉（1907—1971）的看法：“在有历史记载的近几千年中，我国农业，经过了无数次大大小小的天灾人祸的考验，始终没有出现过由于技术指导上的错误而引起的重大失败。这个事实，有力地证明了这一科学技术知识体系的优越性。”① 中国先民立足于农业基础，在诸多技术方面取得了突出的成就。

一、水利技术

“水利是农业的命脉。”② 春秋战国时期出现了六大灌溉工程：期思陂、芍陂、引漳十二渠、白起渠、郑国渠、都江堰。春秋时期，楚国孙叔敖（约前630—前593）着人在淮南修期思陂，灌区在今河南固始县一带。他还在今安徽寿县组织修建芍陂，围湖筑堤而成。芍陂堤长两三百里，有五个引水口。引漳十二渠是战国初期西门豹主持修建的。战国后期，秦将白起（？—前257）率兵进逼楚国鄢城，久攻不下之时，开渠数十里，以水为兵，引鄢水灌城。战后，人们将其改作灌溉之用，名曰白起渠。韩国为疲敝秦国之力，派间谍郑国入秦游说，征发大批劳役，兴修水利。事发，嬴政（前259—前210）未杀郑国，令其继续主持修渠事宜。《史记·河渠书》载，郑国渠修成后，“溉泽卤之地四万余顷，收皆亩一钟。于是关中为沃野，无凶年，秦以富彊，卒并诸侯”。战国后期，李冰（约前302—前235）任蜀守，修都江堰，兼收灌溉、航运之利。《水经注·江水注》称，都江堰使成都平原“水旱从人，不知饥馑。沃野千里，世号陆海，谓之天府”。都江堰是由宝瓶口、飞沙堰和鱼嘴等组成的一个大型系统工程，历朝均有维修，管理较完善，造福千万代，是世界水利史上罕见的奇迹。

春秋战国之后，历代皆有一些著名的水利工程。例如，汉武帝（前156—前87）征调一万多人修龙首渠，引洛水灌溉大荔平原一万多顷盐碱地，使之成为良田。该渠经商颜山，采用了井渠修筑技术。《史记·河渠书》云：“凿

---

① 石声汉．石声汉农史论文集．北京：中华书局，2008. 411.

② 中共中央文献编辑委员会．毛泽东选集（第1卷）．北京：人民出版社，1991. 132.

井，深者四十余丈，往往为井，井下相通行水。水颓以绝商颜，东至山岭十余里间。”其间平均坡降度为0.4‰。汉代修建六辅渠、白渠、鸿隙陂、六门陂、鉴湖、樊惠渠，后魏修建艾山渠，唐代修建六门堰、它山堰，宋代整修丰利渠，元代整修唐徕渠、汉延渠，明清修复黄淮故道，联结常熟—杭州海塘（八百里），清代新疆修凿大量坎儿井。从春秋战国开始，黄河堤防开始修建。此后，很多朝代都将黄河水利工程纳入国家大政之列。

与交通关系密切的水利工程，以灵渠、运河最为有名。秦始皇二十六年（前221），秦军准备进攻岭南，但湘桂山地使粮草运输受阻。二十八年（前219），监禄受命修渠。渠成，名灵渠，全长35公里，使湘—桂水路、长江—珠江水系连成一体。灵渠位于广西兴安县附近，其主要工程有三项：铧嘴、大小太平、北渠和南渠。船只南行路线是：湘江→北渠→铧嘴→南渠→漓江→桂江→珠江。灵渠修成后，在两千多年的华中—岭南交通史上发挥了巨大作用。到近现代，灵渠航运功能下降，灌溉功能上升，今灌溉面积约7万亩。

较之灵渠，运河占有更为突出的地位。春秋战国时期，吴王夫差（约前528—前473）为北上与齐晋争霸，下令开凿邗沟。邗沟全长185公里，是沟通江淮的第一条运河。魏惠王（前400—前319）令人开挖大沟，其北接黄河，南注圃田泽。后来，大沟北向延至大梁（今开封），南向注入沙水、颍水，即成鸿沟。鸿沟联黄河、济水、淮河、泗水，形成黄淮通航水网。隋朝在前代基础上修建扩建的大运河，是世界上最长的运河。它由广通渠、通济渠、山阳渎、永济渠和江南运河连接而成，全长2 700多公里，运河水面宽度30～50米，高度差达40余米。大运河以洛阳为中心，北通涿郡，南达余杭，西至长安，连接海河、黄河、淮河、长江、钱塘江五大水系。它的修成和使用，综合反映了当时水利工程技术、水平测量技术、内河航运技术等方面的巨大成就。元明两代改造大运河，截弯取直，缩短为1 790多公里。在京沪铁路基本贯通（1912年）之前，大运河一直是南北交通的主要干线。两岸兴起了很多有名的城市，如德州、济南、济宁、淮安、扬州、镇江等。扬州在上海崛起之前的很长时期内，一直是中国最繁华的城市。而今，大运河在交通方面的作用明显减少，但在农用灌溉、南水北调方面仍具有不可忽视的功能。

在与水陆交通关系较大的车船制造技术方面，古代中国也有不少成就，兹不具论。

二、纺织与建筑技术

在传统农业社会，男耕女织是基本的分工协作形式。为解决穿衣盖被之类的问题，人们需要从事绩麻、缫丝、纺棉、织布等手工业技术活动。甲骨文中有桑、蚕、丝、帛等字。商周时期，缫丝已经形成较完整的工艺体系，丝织品中出现了罗。丝织品的纹样，有斜纹、花纹等。春秋战国时期，织物有绡、纱、纺、縠、缟、纨、绨、罗、绮、锦等。从汉代开始形成的丝绸之路，在中外交通、贸易和文化史上闻名遐迩。西语“Sino”一词，应与丝绸有关。长沙马王堆汉墓出土的很多纺织品，其中有不少素色提花的绮、罗以及用各色彩线织成的锦。还有一件薄如蝉翼的素纱禅衣，衣长128厘米，袖长190厘米，重量仅48克。纺车、织机、布机的应用，始于春秋战国，到秦汉时期已普及和成熟。比一般布机远为复杂的提花机，更是了不起的发明，堪称后世程序控制的先声。唐代，介质印花技术的广泛应用，大大丰富了服饰的花样。宋元时期，棉花种植推广，棉纺织业兴起，使衣被原料发生巨大变革。黄道婆为棉纺织技术改革作出了卓越贡献，成为中国手工业史上的杰出女性。

人们出于住、行和安全的需要，促使建筑技术逐步发展。夏、商、西周时期，住所、宫殿、城池建筑形成基本格局。《考工记》载有“匠人营国”之事，确立了周代典型的城市建筑设计规范。历代建都，均在技术上极尽能事，造就了一个个声名远播的古都。在园林建筑技术方面，中国古代具有独特风格。苏州拙政园、留园、狮子林，无锡寄畅园，扬州个园等，是私家园林的代表；颐和园、圆明园、承德避暑山庄等，是皇家园林的典范。在桥梁建筑技术方面，隋代的赵州桥、金代的卢沟桥、北宋的万安桥，至今仍正常发挥作用，可称为桥梁建筑的三大奇迹。在宗教建筑方面，河南登封嵩岳寺塔建于北魏，高15层，是中国现存最早且保存较完好的砖塔。山西应县佛宫寺释伽塔建于辽代，高9层，为现存最高的古代木制建筑。万里长城作为世界建筑奇迹之一，从战国时期便开始修建。秦朝灭六国之后，将以前燕、赵、魏等诸侯国修建的长城连起来，并用10年时间加以扩建。秦长城西起临洮，北达阴山，南到蔚县，东至辽东，蜿蜒约万里。明代用100多年时间，所修长城西起嘉峪关，东至山海关，达12 700多里。现存的万里长城，是明代新修的。除了军事上的隔离性保障作用之外，万里长城大致划出了中国较为明显的气候分界线和农牧分界线。在少数民族地区，藏族的石砌高碉建筑（尤其是布达拉宫），维吾尔族的土坯穹隆建筑（特别是清真寺），蒙古族的喇嘛庙、王府、蒙古包，傣族的佛寺和塔寺等，都有很高的技术水平。

古代木石建筑，有时采用髹漆技术，以防水、防潮、防风化。髹漆技术与日杂用具、工艺品之类漆器制造有关。漆树原产于中国，是中国古代农林技术的重大成果之一。割漆的适宜季节在夏天，一棵漆树通常可连续产漆

3～5年。据考古资料，中国最早使用生漆的是河姆渡遗址。夏商周时期，漆器制造技术进一步提高。《尚书·禹贡》讲述豫州贡物时，提到漆（可能采自野生漆树）。考古出土的西周漆器，表面常有精美的雕刻纹饰和镶嵌物。据《史记·老子韩非列传》载，庄子"尝为蒙漆园吏"。战国时期，一些地方已有较大规模的漆树种植，并安排专人管理。漆器制造技术分三步：造胎、兑漆与髹漆装饰。商周时期，漆器的颜色主要是朱、褐、黑三种。战国的漆器彩绘，含红、黄、蓝、白、黑和各种复色。《史记·货殖列传》曰："陈、夏千亩漆。"汉朝在10个郡设有专官，管理漆器制作。其中，蜀郡和广汉郡的金银饰漆器最为有名。汉代以后，漆器主要朝工艺品方向演变。漆器与制作技术随着交通的发展而传到国外。

三、陶冶技术

脱胎于陶器的瓷器，是中国先民的独创。"China"兼指中国与瓷器，意味深长。按考古资料，原始瓷器在商中期即有出现。东汉后期，烧制青瓷的技术基本成熟。南北朝时期，南方以青瓷为主，北方以白瓷为主。青瓷胎质坚实，通体施釉，釉层较厚，呈青绿色。唐代青瓷，氧化亚铁的含量一般控制在1%～3%，有效地保证了胎质的纯度。据《茶经》记载，河北内丘一带的邢窑所产白瓷如雪。杜甫流寓四川时，有诗云："大邑烧瓷轻且坚，扣如哀玉锦城传。"景德镇的唐代瓷器，其白色在70%以上，接近现代水平。宋元时期，瓷器技术全面进步，至少有十大名窑：越窑、定窑、钧窑、汝窑、建窑、龙泉窑、磁州窑、耀州窑、德化窑、景德镇窑。景德镇窑早期历史不详，崛起于宋代，此后长盛不衰。因此，景德镇被誉为瓷都，列入全国四大名镇。青花瓷器起源于宋代四川、江西、河南等地，成熟于元代景德镇窑。中国的瓷器在唐代就传到国外，而欧洲直到15世纪才开始自行生产瓷器。

春秋战国时期出现较为系统的找矿方法，包括露头找矿，根据矿物空间位置找矿，根据矿物共生关系找矿，利用指示植物找矿。采矿技术有露采与坑采两种。坑采技术表现在井巷支护、井深、开采工具诸方面。春秋至汉代的大冶铜矿遗址显示，坑采时用竖井、斜井、斜巷等方式。矿井最深处达50米，井壁有牢固的木支护结构。井下有通风、排水、照明设施，废层处理用分层填充方法。这些技术接近现代水平。宋代，矿井中留石柱法普遍被采用。多处考古发现表明，一些地方的矿物开采规模较大。

商周的青铜冶炼技术水平开创了青铜时代。商代晚期，工匠能够准确控制铜、锡、铅的比例，使青铜冶炼技术趋于成熟。复杂的青铜器要求采用多锅铸造和分铸的方法。青铜器主要有两类：一是兵器，二是饮食器具和礼器。青铜铸成的劳动工具，考古发现较少。最有名的青铜器为司母戊大方鼎，重875千克，铸造于商代晚期。其四面腹部环以饕餮纹和夔龙纹，显示出高超的技术和艺术水平。1976年，安阳殷墟妇好墓出土了一批青铜器，其化学组成可分两类：一类主要是铜锡二元合金，铅的含量小于2%；另一类基本上是铜锡铅三元合金，铅的含量大于2%。大型器物各部分的含铜量相同，需要多锅铜液才能浇铸成功。当时工匠应是先炼出铜、锡、铅，然后将其按一定比例混合匀均，再加熔炼。这种冶炼技术基础，有助于后来《考工记》进一步总结“金有六齐”的经验。即是说，六种不同的金属，要熟练把握铜锡搭配的比例。

春秋时期的钢柄铁剑、钢剑、铁条是用块炼铁煅成的。春秋晚期出现块炼铁渗碳技术、淬火热处理技术和生铁铸造技术。战国早期出现生铁铸件经柔化处理而形成的铁锛、铁镈，还有用铸铁脱碳钢制成的铁鑁。中国古人的熔炼法比欧洲早2 000多年。战国中后期，铁器被普遍使用。西汉后期发明炒钢技术（欧洲人到18世纪才掌握），并使百炼钢技术趋于成熟。约在汉末晋初，灌钢技术出现。唐朝用锻制技术制造铁器，对生铁进行钢化处理。清代出现坩埚炼铁技术。中国古代能够冶炼的有色金属为金、银、铜、锡、铅、汞、锌七种，前六种的冶炼技术在先秦时已被掌握。火法炼锌技术最早出现在中国。至迟在宋代，黄铜（铜锌合金）冶炼成功。明末《天工开物》载有炼锌的文字和插图。1738年，炼锌技术传入欧洲。

四、四大发明

指南针、造纸术、印刷术、火药，合称四大发明。在世界历史上，中国人最早发现和使用磁铁指极性。至迟在战国时期，中国就利用磁铁的性能制作了指向仪——司南。指南针最早见载于唐末五代。按北宋沈括（1031—1095）《梦溪笔谈》《补笔谈》，指南针是堪舆家首先发明的，采用磁石磨针的人工磁化方法，使铁（钢）针磁化而成。寇宗奭《本草衍义·磁石》云：“磨针锋则能指南，然常偏东，不全南也。其法，取新纩中独缕，以半芥许蜡，缀于针腰，无风处垂之，则针常指南。以针贯灯芯，浮水中，亦指南，然常偏丙位。”磁针贯于灯芯草，漂在水面上，这就是浮水法。所谓丙位，即正南偏东15°。在迄今所见资料中，这是关于地球磁偏角的最早的明确记录，比欧洲人的发现早400来年。宋元明时期，中国的海上交通和对外贸易明显走在世界前列，这在一定程度上得益于指南针的发明与和平应用。欧洲人改制利用指南针，武力开辟远洋殖民道路，产生了令人震惊的全球化历史变迁。

源于中国的造纸术及与其密切相关的印刷术，对传承人类文明发挥着极大的作用。在造纸术发明之前，古人纂写记事的材料，先后为龟甲、兽骨、金石、竹简、木牍、缣帛。考古发现的纸，最早为公元2世纪初年的汉文帝时期。汉代纸都以麻类为主要原料，质量差别较大。东汉时期，蔡伦（？—121）对造纸技术进行了里程碑式的革新。他不仅用废弃的麻头、破布、渔网作为造纸原料，而且开创性地利用树皮，加工出价廉物美的纸张。因为他曾被封为龙亭侯，人们便将他革新生产的纸命名为“蔡侯纸”。从东汉末年开始，造纸形成了独立的手工业部门。明末《天工开物》有造纸的技术总结和图示。长期以来，造纸一直是相当发达的生产领域。现代一些理工院校设有造纸专业，而各国货币也主要是纸币。

印刷术的历史大致分两段：雕版印刷与活字印刷。对于雕版印刷术的起源，学界有多种说法，跨越东汉至北宋各朝代，而唐朝说获得较高支持率。1974年，西安出土的梵文《陀罗尼咒》刻本，刻印刷时间为唐初（7世纪初）。这是迄今所见最早的雕版印刷品。1899年，在敦煌发现的《金刚经》之唐代刻本，属国宝级文物，但于1907年被盗，现存于大不列颠博物馆。唐代中期，巴蜀和江浙一些地方的雕版印刷业比较发达。宋太祖敕令在成都刻印《大藏经》5 048卷，雕版13万块。这是世界上最早汇刻的佛教经典巨型丛书。《梦溪笔谈》记载，宋代毕昇发明胶泥活字印刷术（近似于近代铅字印刷术）。元代王祯（1271—1368）在农书中载有木活字排版法。他用此法排印的《旌德县志》，是世界上最早的活字印刷著作。1450年前后，德国谷登堡制成铝合金活字，比中国晚了一两百年。中国的印刷术传到欧洲，为文艺复兴和近代科学的兴起发挥了难以估量的助推作用。

火药是爆炸起火之药，应是晚唐时期的炼丹家发明的。两宋时期，人们将火药制成烟花爆竹，用于各种庆祝活动，从此形成了一种民俗传统。名为“地老鼠”“流星”“起轮”之类的烟花，借助火药喷射产生的反推力，形成巧妙的飞行路线（其原理类似于现代火箭）。北宋兵家著作《武经总要》所记的“霹雳火球”，应是早期的炸弹。北宋发明火箭、火球、火蒺藜，南宋发明突火枪（西方近代枪炮的远祖）。明代以后，手榴弹、地雷、水雷、定时炸弹、子母炮等相继出现。火药及其相关技术通过海路商人和陆路蒙古骑兵等媒介传到欧洲及其他地方，被外国人称为“中国雪”“中国盐”。火药武器的强大威力，使欧洲中世纪的坚固城堡遭到毁灭。从此，欧洲和世界的历史进程不时发生爆炸性的变化，而中国在近现代科学技术竞争场上则显得相当暗弱。

第三节　古代中国科学

一、农学

农学是研究农业（尤其是农业生产）的学问。农业最为实用，直接关乎人类的根本利益和长远利益，成为各个行业、各种思想和全盘人类文明的决定因素。农学摆在诸多学科的首要位置，其发生机理就在于此。作为吃饭问题最为突出的国家，中国在农业方面有一万年以上的文明史。通过长期的辛勤劳动，爱好和平的中华民族积累了丰富的经验。17 世纪（明末清初）之前，中国农业在总体上居于世界前列。19 世纪后期（晚清时期），外国实验农学传入中国。甲午战争之后，中国农业开始局部地转型为近代农业。20 世纪 80 年代以前，中国传统农业仍占主流。从 20 世纪后期开始，许多国家的石油农业（化学农业）乃至整个产业体系导致了日益严重的生态危机，迫使人们在一定程度上减少对中国传统农业的“傲慢与偏见”。要了解人口承载力大、历史延续性强的中国传统农业，人们应当首先着眼于农书这类基本文献。张芳、王思明等编的《中国农业古籍目录》计收农书存目 2 084 种、佚目 284 种。其中，骨干性的农书有数十种，而最负盛名的是五大农书。

1.《氾胜之书》

该书得名于西汉官员氾胜（之），在宋末元初亡佚，但其精华部分被《齐民要术》等著作摘引而得以流传。据万国鼎（1897—1963）、石声汉两家辑佚本，《氾胜之书》仅存的三千多字，主要反映黄河中下游地区（尤其是关中平原）的旱作农业经验。该书云：“凡耕之本，在于趣时和土，务粪泽，早锄早获。”其中“务粪泽”一语，触及旱地农业保墒技术。该书还重点谈到溲种与区（ōu）种技术。溲种，一名粪种，即后世的种子包衣技术，可借助微生物作用，为种子顺利发芽创造良好的环境；区种，一名区田，“不耕旁地，庶尽地力”。其特点是把作物种在沟状或窝状的小区内，深耕细作，等距点播，集中使用水、土、肥料资源，以提高单产。区种技术对后世农学影响很大，这从王毓瑚（1907—1980）所辑《区种十种》中可见端倪。其中，明代《国脉民天》所说的“亲田法”，当与区田法有渊源关系。

2.《齐民要术》

这是中国现存最早的完整农书，系北魏贾思勰所编撰。全书约 11 万字，除序言、杂说外，主体为 10 卷，92 篇。该书内容广泛，照其序言所说："起自耕农，终于醯醢，资生之业，靡不毕书。"前 3 卷论述大田作物（含粮食作物和经济作物）和蔬菜作物种植技术。其中，《耕田》论土壤耕作技术，《收种》论种子选育和保藏技术。第 4、5 卷论果树和林木栽培利用技术。第 6 卷论动物（包括家禽家畜和鱼类）饲养技术。第 7 ~ 9 卷论食品加工和文化用品制造技术。第 10 卷收录北魏范围之外（主要是南方，包括亚热带地区）的一些农林物产。该书首次记载了马驴杂交培育骡子的技术和莼、藕、莲、芡、芰等水生作物的种植方法。在中国和世界农学史、生物学史上，该书占有重要地位。研究《齐民要术》成为一种专门学问，称为"贾学"（由日本学者率先提出），可与"红学"对举。

3.《陈旉农书》

该书以作者名命名，成书于南宋绍兴十九年（1149）。在中国现存的古农学名著中，它是关于南方稻桑经济区农业的最早作品。其篇幅不大，约12 000字，分为 3 卷。上卷 14 篇，论土壤耕作与作物栽培等；中卷 2 篇，论耕牛饲养管理；下卷 5 篇，论桑蚕技术。陈旉（1076—1156）写农书时，已是 74 岁高龄，农事经验很丰富，所以书中多有自得之言。该书《地势之宜篇》是讨论土地利用规划的专论，在明确自然地貌多样性的基础上，区别高田、下地、坡地、葑田、湖田而采取适当的利用方式。对于土壤，该书提出了两个基本原则：一是土壤好坏不一，但只要治理得宜，都适合于栽培作物；二是保持土壤生产力长久不衰（"地力常新壮"）。《善其根苗篇》首次系统地总结了水稻育苗技术，对稻作经济的发展具有宝贵价值。

4.《王祯农书》

该书撰者王祯，原籍山东东平县，曾在宣州旌德县（今安徽旌德县）、信州永丰县（今江西广丰县）作县尹。《王祯农书》是中国历史上第一本系统论述黄河中下游与长江中下游地区农业技术的巨著，与孟祺等的《农桑辑要》、鲁明善的《农桑衣食撮要》合称元代三大农书。《王祯农书》（王毓瑚校本）逾 30 万字，主体分为三部分：农桑通诀（6 集，26 目）、百谷谱（11 集，83 目）、农器图谱（20 集，261 目）。农桑通诀即农业通论，百谷谱为作物栽培分论。农桑通诀中的授时图，将星辰、干支、节气、物候、农事与杂务融为一体，绘制在一幅图内。农器图谱为重点部分，占全书主体篇幅的60%，其中有图300多幅，多为《农政全书》所转录，并为后世复制实物的蓝本。《王祯农书》之末附杂录2目，其中有造活字印书之法（连同活字校韵轮图），与《齐民要术》所载毛笔制造技法，皆为罕见的史料。《王祯农书》图文并茂，诗文俱佳，极富特色。

5.《农政全书》

该书是晚明徐光启（1562—1633）诸多作品中最重要的遗著，由陈子龙等整理而成。按梁家勉（1908—1992）说，为编撰《农政全书》，徐光启综合应用了调查访问、劳动实践、实验研究、度数旁通、杂采众家、兼出独见的方法。《农政全书》约52万字，内容极为广泛，共分12门，即农本（卷1—3）、田制（卷4—5）、农事（卷6—11）、水利（卷12—20）、农器（卷21—24）、树艺（卷25—30）、蚕桑（卷31—34）、蚕桑广类（卷35—36）、种植（卷37—40）、牧养（卷41）、制造（卷42）、荒政（卷43—60）。该书认为，风土论有合理之处，但唯风土论不可取法；南方要继续保持水田农业的优势，同时要扩大麦子等旱粮种植，其主要技术是避免水湿之害；棉花生产技术要领在于十四字诀，即“精拣核，早下种，深根短秆，稀科肥壅”；外来的甘薯有“十三胜”，需大力推广。这类观点均显示出一定的指导意义。

著名的农书还有《吕氏春秋》“上农”等四篇、《四民月令》《耒耜经》《茶经》《司牧安骥集》《蚕书》《荔枝谱》《农说》《群芳谱》《补农书》《修齐直指》《三农纪》《郡县农政》《马首农言》等。除农书外，其他资料也含有农学内容。例如，险遭亡佚的水稻专书《禾谱》，被曹树基从谱牒中抢救出来；玉米、辣椒、烟草等美洲作物的引种利用；盐碱地、冷浸田的改良方法；梯田、冬水田、果（桑）基鱼塘的生态模式等；多见于笔记和方志。中国传统农学讲究多种经营、精耕细作和生态保护，其科学思想和配套的一系列技术方法，在农书等各类典籍中得到切实展现，成为“究天人之际”的珍贵遗产。中国古代农学实践使一些基本经济区获得并长期保持了很高的土地生产力，养活了世所罕见的高密度人口。到近古时期，高密度的人口反过来对土地等自然资源造成了较大的压力，并逐步演变为一种相当沉重的历史负担。另外，中国传统农学的学术口径比今人的理解要宽泛得多。这些都是需要注意的。

二、医药学

中国先民在原始社会就掌握了一些卫生保健知识。后来，随着医与巫、药与农的相对分离，中国古人逐渐形成了独具特色的中医、中药理论，出现了许多名家名著。

1.《黄帝内经》与《伤寒杂病论》

前者简称《内经》，是现存最早的中医学经典著作。它出自众人之手，托于黄帝名下。其成书年代久远，大约在春秋战国到西汉初年之间，比古罗马的盖伦医学早四五百年。全书由《素问》《灵枢》两部分（各9卷）组成，计162篇。《素问》主要阐述医学理论，包括阴阳、五行、藏象、经络、病因、病机、治则、针刺、摄生、运气等。《灵枢》一名《针经》，包括主要经络、腧穴的分布，脏腑的生理、病机，营卫气血的运行，针刺原理和补泻方法，多种疾病的病机、治法等。书中所论针灸原理，是中国的独创。

《伤寒杂病论》为张仲景所作。张为东汉人，被后世誉为“医圣”。《伤寒杂病论》原书散佚，后人编为《伤寒论》和《金匮要略》两书。《伤寒论》共10卷，分22篇，立397法，载113方。《金匮要略》即《杂病论》，共3卷，分25篇，载262方，论述内科、外科、妇科等杂病。《伤寒杂病论》根据脏腑经络学说，坚持六经论治和八纲辨证的基本原则，为中医临床医学奠定了基础。六经是从《素问》中引出的三阳经（太阳经、阳明经、少阳经）和三阴经（太阴经、少阴经、厥阴经），八纲是检查疾病部位和性质而归纳的阴、阳、表、里、寒、热、虚、实状况。该书首次记载了人工呼吸、药物灌肠、胆道蛔虫治疗方法。它与《内经》《难经》（即《八十一难》）《本草经》并称古代中医四大经典。

2.《本草经》与《本草纲目》

前者亦称《本经》，托神农之名，是中国现存最早的一部药物学著作，成书于秦汉时期。全书正文3卷，收录药物365种。其中植物药252种，动物药67种，矿物药46种。药物因性能和用途不同，区分为上、中、下三品。上品药为君，计120种，对人体无毒害，适宜养生；中品药为臣，120种，毒性小或无毒，需斟酌其宜，用以除病补虚；下品药为佐使，125种，有毒性，专攻病邪，不可久服。根据药物的属性，每一品按玉石、草、木、兽、禽、虫、鱼、果、米谷、菜顺序排列。《本经》开列60多种药物，用以治疗妇科疾病，如通乳、阴蚀痛、崩漏、不孕、堕胎、闭经、乳瘕、安胎、痛经等。书中所载炼丹术，涉及药物化学知识，如丹砂（HgS）“能化为汞”、曾青①“能化

---

① 主要成分为 $Cu(OH)_2 \cdot 2CuCO_3$。

为铜”。《本经》在北宋初散佚，后以辑本行世。

《本草纲目》作者为李时珍（1518—1593），《明史》有传。传曰：时珍“历三十年，阅书八百余家，藁三易而成书，曰《本草纲目》。增药三百七十四种，厘为一十六部，合成五十二卷。首标正名为纲，余各附释为目，此以集解详其出产、形色，又次以气味、主治附方……其子建元以父遗表及是书来献，天子嘉之，命刊行天下。自是士大夫家有其书”。《本草纲目》共载药物 1 892 种（其中植物类药 1 195 种，动物类药 340 种），附方 11 096 个，绘制药物形态图 1 160 多幅，归为 62 类。它不仅是医药学名著，也是生物学巨著。达尔文《物种起源》所言“一部古代的中国百科全书”，或疑为《齐民要术》，或猜作《农政全书》，也有可能是《本草纲目》。

3. 扁鹊与华佗

扁鹊（前 407—前 310）是战国名医，姓秦，名越人，被后世尊为中国医学之祖。《史记·扁鹊列传》在转述《韩非子》所载“扁鹊见蔡桓公”的故事后写道：“病有六不治：骄恣不论于理，一不治也；轻身重财，二不治也；衣食不能适，三不治也；阴阳并，脏气不定，四不治也；形羸不能服药，五不治也；信巫不信医，六不治也……扁鹊名闻天下。过邯郸，闻贵妇人，即为带下医；过雒阳，闻周人爱老人，即为耳目痹医；来入咸阳，闻秦人爱小儿，即为小儿医，随俗为变……至今天下言脉者，由扁鹊也。”扁鹊医术全面，在砭石、针灸、按摩、汤液、熨帖、手术、吹耳、导引等方面无所不通。他精于诊断，特别擅长望诊和切诊，为中医脉学的奠基者。其医学著作较多，有《扁鹊内经》等，但早已散佚。传世《难经》多论脉理，旧提撰者为战国秦越人，可能有扁鹊的部分作品。

华佗（约 145—208），字元化，东汉沛国谯（今安徽亳县）人。他精通内科、外科、妇科、儿科、针灸科。据《三国志·华佗传》，华佗“精方药，其疗疾，合汤不过数种，心解分剂，不复称量，煮熟便饮，语其节度，舍去辄愈”。他发明的“麻沸散”，成功应用在外科临床手术（包括全身麻醉手术）中，因此成为外科学的鼻祖。华佗模仿虎、鹿、熊、猿、鸟的姿态动作，编“五禽之戏”，成为体育医疗的创始人。吴普遵照“五禽之戏”锻炼，“年九十余，耳目聪明，齿牙完坚”。在医学教育方面，华佗也很有成就。其弟子樊阿、吴普等，都是名医。华佗被曹操杀害，其《青囊经》失传。晋人王熙（201—280）《脉经》之《扁鹊、华佗察声色要诀篇》，当有华佗的医学遗产在内。

中医药名著尚有《甲乙经》《备急千金要方》《图经本草》《小儿药证直

诀》《妇人大全良方》《格物余论》《外科正宗》《瘟疫论》《医学源流论》《本草纲目拾遗》《医林改错》《厘正按摩要术》等。北宋唐慎微（1056—1136）《证类本草》、沈括《苏沈良方》记载，中国医家从尿液中提取性激素（欧洲人掌握这种方法是在 1927 年）。南宋宋慈（1186—1249）所撰《洗冤录》是存世最早的法医学著作。据清代俞茂鲲《痘科金镜赋集解》，明隆庆年间（1567—1572），预防天花的人痘接种法已应用于安徽太平县一带。张璐《医通》（1695）载有痘衣、痘浆、旱苗等。17 世纪末，人痘接种法传至欧洲。此为现代免疫学的先声，促进了牛痘接种法的发明（1796，英国爱德华·琴纳，Edward Jenner，1749—1823，西方免疫学之父）。

三、数学

数学，古称算学。春秋战国时期，中国人就已有四则运算和分数运算；筹算中的十进制，早于且优于古巴比伦、古埃及、古希腊的计算方法。宋元时期，中国数学发展到高峰，在代数方面取得突出成就。元末陶宗仪《南村辍耕录》中明确记载了珠算盘。到明代中叶，珠算取代筹算得到普及。从此以后，中国数学总体水平明显落后于欧洲。古代数学名家名著较多，这里简单介绍一些。

1. 竹简《算术书》

1983—1984 年，湖北江陵张家山三座西汉古墓出土了大量珍贵文物，其中有一部竹简数学书。一只竹简背面的“算术书”三字，被学者推测为其书名。该书大约成于公元前 3 世纪（战国后期），是迄今所见中国最早的数学著作。这部残书约 6 500 字，未分章，采用问题集的编写方式，共列有 69 个小标题。接着小标题之后，依次是算题、解答、解法。该书包括分数的性质、约分、分数的四则运算、按比率分配等内容。关于按比例交换、各种比例问题，是书中最多的一类问题，约有 30 条。关于圆周率，书中取值为 3。关于圆中求方、方中求圆的问题，书中各有一个，都按正方形边长与对角线之比“方五斜七”（5∶7）来计算。书中出现“约分”“分子”“分母”等专业词汇。竹简《算术书》在中国乃至世界数学史上占有重要地位，与古巴比伦的泥版算书、古埃及的纸草算书以及古印度的白沙瓦算书，可并称古代四大算书。

2.《周髀算经》

该书原名《周髀》，为天文历算书，大约成书于公元前 1 世纪（东汉）。

其中“算经”二字，系唐代学者所加。传本《周髀算经》为赵君卿（年代与生平不详）所注。从数学方面来看，该书成就非凡。在内容上，它分两部分：一是讲勾股定理和在地面上的勾股测量；二是讲学数学的方法、用勾股定理测量天体的计算，还谈到比较复杂的分数计算。在西方，勾股定理也叫毕达哥拉斯定理，以古希腊数学家毕达哥拉斯（约公元前6世纪）之名命名。《周髀算经》举出直角三角形边长分别为3、4、5的特例，并表述了普遍的定理：“勾股各自乘，并而开方除之，得（弦）。”该书用勾股定理测算地面上的高、深、远、近，相当精确。

3.《九章算术》

这是中国古算书中的标志性著作，意味着中国古代以算筹为计算工具的数学体系已经形成。现存《九章算术》传本，当成书于公元前1世纪（东汉初年）。它选择246个例题，根据解题方法和应用范围的不同而分为九类，每一类编成一章，并据此取名。第一章“方田”，例题38个，讲田亩面积的计算，涉及正方形、矩形、三角形、圆形、环形、弓形、截球体的表面积，还有对分数运算的系统论述。第二章“粟米”，例题46个，讲比例问题，特别是按比例交换诸种谷物的问题。第三章“衰分”，例题20个，讲按比例分配问题。第四章“少广”，例题24个，讲已知面积和体积，求一边之长，详述求平方根、立方根的方法。第五章“商功”，例题28个，讲城、垣、沟、堑、渠、仓、窖、窑等工程量的计算，求体积的方法。第六章“均输”，例题28个，讲按人口多少、物价高低、路途远近等情况，合理摊派赋役。第七章“盈不足”，例题20个，讲盈亏类问题的算法。第八章“方程”，例题18个，讲多元一次方程组的解法。第九章“勾股”，例题24个，讲运用勾股定理测量计算高、深、广、远问题。《九章算术》的求平方根、立方根的方法，解多元一次方程组的方法，正负数的加减运算法，以及负数概念，在当时处于世界领先水平。一元二次方程和联立一次方程的解法，早于欧洲1 500多年。

4.《数书九章》与宋元四大家

《数书九章》作者为秦九韶（1202或1208—1261），字道古，南宋四川安岳人，曾在长江中下游和岭南做过地方官，对天文、数学、音律、营造等皆有研究。其《数书九章》共18卷，81题，成书于淳祐七年（1247）。全书分大衍、天时、田域、测望、赋役、钱谷、营建、军旅、市物9章，故名。大衍类阐述了一次同余式理论，在当时领先于世界。秦九韶以矩阵法解线性方程组，形成相当完整的程序。书中有26题涉及二次和三次以上方程的解法，最高为10次方程，这比欧洲人的解法（1819，法国霍纳，W. G. Horner，1786—1837）早572年。作者研究任意三角形的面积，所得到的结果与海伦公式等价。

秦九韶与李冶、杨辉、朱世杰合称宋元数学四大家。李冶（1192—1279），中国北方金元之际的学者。其数学专著有《侧圆海镜》（成于1248年）和《益古演段》（成于1259年）。前者是中国现存最早论述开元术（设未知数）的著作，共12卷，收170题，集中针对的问题是：已知直角三角形中各线段，求内切圆和旁切圆的直径。后者是为初学开元术的人所撰写的入门书，共3卷，收64个问题。杨辉（约13世纪），字谦光，杭州人，南宋学者，著有《详解九章算法》12卷（成于1261年，现存本残缺）、《日用算法》2卷（成于1262年，现存本残缺）和《杨辉算法》7卷（成于1274—1275年）。其书收录了现已失传的数学著作所载算题和算法，如早期的增乘开方法、开方作法本源等内容。朱世杰（1249—1314），字汉卿，号松庭，河北人，曾漫游到长江下游等地。其《算学启蒙》3卷，20门，258题，成于1299年。该书曾传到朝鲜半岛和日本群岛，但在中国境内亡佚。道光十九年（1839），罗士琳据朝鲜刊本（1660）重刻，即为中国大陆今传本。朱世杰还有《四元玉鉴》3卷，24门，288问，成于1303年，主要讲述多元高次方程组的解法和高阶等差数等知识。此书在中国境内亦险遭亡佚之厄。

古代中国引人注目的数学成就还有不少。例如，东汉张衡（78—139）估算π的近似值为3.146 6。三国时期，魏人刘徽（225—295）创立割圆术，求得π=1 250/3 927=3.141 6。这是当时世界上最精确的数值。南朝祖冲之（429—500）算出π在3.141 592 6～3.141 592 7之间，而约率π≈22/7，其精度领先欧洲一千余年。祖冲之的儿子祖暅之得出了球体体积的计算公式，其原理称为祖暅定理，领先世界约有千年之久。

四、天文学

1. 历法

中国传统历法通常是阴阳合历，将日月运动与地球的关系加以综合考虑。中国古代编制的历法近百部，见诸文献的最早历法是《夏小正》。它按12个月分别记述，是一部物候星象历法书。夏代开始采用天干记日法，商代创制干支记日法。西周历法，已经形成了天子向诸侯颁朔的礼制，且采用了年终置闰的方法。商周区分春分、夏至、秋分和冬至，战国基本形成24节气。春秋末期开始出现四分历，将一回归年定为365.25日，与现代数值相差只有11分14.53秒，早于希腊一百多年。秦用颛顼历，到汉武帝时代颁行邓平所制太初历。太初历是中国古代流传下来的第一部完整的历法。东汉颁行刘洪（约130—196）制定的乾象历，取回归年365.246 18日，取朔望月29.530 54日。乾象历具备了中国传统历法的基本内容和方法，标志着传统历法体系的形成。晋代，虞喜（281—356）发现并分析了黄道岁差现象。南朝时，祖冲之完成大明历，取回归年365.242 8日。大明历因受权臣戴法兴阻挠，在祖冲之死后十年才得以颁行。唐代傅仁均修成的戊寅历，是中国历史上第一部采用完整定朔法并得到正式颁用的历法。南宋统天历（1199年定）取回归年365.242 5日，同于后世通行的阳历数值（1582年定）。元朝郭守敬（1231—1316）用自制圭表，证明了365.242 5日的精确性。明末徐光启、李天经（1579—1659）主持修正大统历，著成《崇祯历书》130卷。该书采用丹麦天文学家第谷（Tycho Brahe，1546—1601）所建立的宇宙体系理论，开始与西学发生一定的联系。

2. 天文观测记录

中国历代记录的日食约1 000次，最早见于《尚书·胤征》。甲骨卜辞记有日月食和彗星。从西汉初年到1785年，中国记录日食、月食分别为925.574次。东汉末年，刘洪首次利用月行快慢来推算交食。《春秋》有世界上对天琴座流星雨的最早记录。此后，中国关于流星雨的古书记录约400次。截至1910年，中国古代的彗星记录约500次。《春秋》所记僖公十六年（前645）的陨石，早于欧洲2 400多年。《春秋》有世界上关于哈雷彗星的最早记载。从秦代到清代两千多年间，哈雷彗星共回归29次，每次在中国古籍中都有记录。《汉书·五行志》有关于黑子的最早明确记载。其后，历代官修史书关于黑子的记录达100多次。《汉书·天文志》有世界上关于新星的最早记录。迄于1700年，见于中国古籍记录的新星约90颗，估计其中有11颗超新星。北宋至和元年（1054），钦天监观测到天宫星附近的超新星爆炸事件。这次超新星爆炸被认为是蟹状星云形成的根源而受到高度重视，并引发专业术语“1054年超新星”。西欧在文艺复兴前所记录的恒星数为1 022颗，而元代郭守敬于1276年记录的恒星已达2 500颗。关于北极光的最早记录，见于《汉书·天文志》。

3. 星图、星表与天文仪器

长沙马王堆出土的帛书彗星占图，反映了战国时楚人的观测结果，是迄今所见世界上最早的彗星图。帛书《五星占》绘有公元前246—前117年，共70年间木星、土星、金星的位置及其会合周期动态表。其数据相当准确，如金星会合周期为584.4日，接近现代测值583.922日。湖北随县（现隶属随州市）的战国早期曾侯乙墓，出土了一个漆箱盖，上面绘有28宿的名称。敦煌石窟发现的绢质星图，其年代约在8世纪（唐中期），是存世最早的星图，绘恒星1 350颗。战国时期，甘德《天文星占》、石申《天文》（原书皆佚）各载数百颗恒星方位。石申定出12颗恒星的赤道坐标值和黄道内外度，制成石氏星表，是世界上最早的星表。西欧等地现存的星图都在14世纪之前，且直到17世纪前，其他国家的星图所载星数最多不超过1 100颗。而北宋苏颂绘成的5幅星图，共载星1 465颗。苏州博物馆藏石刻星图，由王致远刻于1247年，其原图为黄裳于1190年绘制，载星1 436颗。中国传统的天文仪器是浑仪和浑象，可考的最早制造者为西汉落下闳。东汉张衡（被誉为东方的亚里士多德）制成漏水转浑天仪，由漏壶和浑天仪组成，模拟星空的周日视运动。唐代僧一行（683—727）和梁令瓒共同制作的黄游仪和水运浑天仪，分别用来测量天体位置和演示天象。元代郭守敬设计制造浑仪、仰仪、水运浑象仪、日月食仪等，标志着中国古代天文仪器的制造趋于高峰。

中国古人很早就形成了富有想象力的天地构造与运动理论，其中代表性的看法有三种。一是盖天说。《周髀算经》卷上云：“天圆如张盖，地方如棋局。天旁转，如推磨而左行，日月右行，随天左传。”二是浑天说。张衡《浑天仪图注》曰：“浑天如鸡子，天体圆如弹丸，地如鸡子中黄，孤居于天内，天大而地小。”三是宣夜说。《晋书·天文志》载东汉郗萌之言：“天了无质，仰而瞻之，高远无极。”关于地球运动，东汉《尚书纬·考灵曜》云：“地恒动不止而人不知。”关于宇宙的概念，战国著作《尸子》卷下曰：“四方上下曰宇，往古今来曰宙。”对宇宙的生成与演化、有限与无限、天地结构稳定性等问题，先秦诸子广泛讨论过，后世很多学者也作过反复探究。

五、地理学

1. 地理学名著

春秋战国时期，一批地理学著作产生。《尚书·禹贡》是中国最早的（土壤、水文和政治）地理著作。《禹贡》分四部分：九州、导山、导水、五服。第一部分根据河、山、海的天然界限划分九州，接着依次讲述各州内的地理情况，含土壤、生物资源、矿产贡物、内陆交通。第二部分大致按由西向东、先北后南的顺序，介绍山脉系列及其地理分布。第三部分叙述弱水、黄河、长江等九条河流的源流、流域、支流等，还介绍了雷夏、震泽、云梦等十个湖泊。第四部分反映古代统治者的地域观念和统治方式。《山海经》的“山经”部分，5 卷 26 篇，地理价值最高，约成书于战国后期，综合描述黄河流域、长江流域和珠江流域的 460 座山、300 条水道、27 个湖泽。其中记载植物 160 种，记载矿物岩石 89 种，产地 400 多处，成为中国第一部矿物岩石著作。战国时期，《管子·地员》将土壤分为 3 等、18 类、90 种，在世界土壤地理学方面最早建立起较完备的分类体系。《管子·度地》关于河流水系分级、河流侵蚀作用、河曲形成过程的记述，都具有开创性。

东汉班固（32—92）的《汉书·地理志》是中国最早冠名为“地理”的著作，成为历代记述疆域政区地理的始祖。三国时出现佚名《水经》，1 万余字，记水道 137 条。在此基础上，北魏郦道元撰《水经注》40 卷，约 30 万字，记水道 1 252 条。该书将水道源流脉络、流域地貌、植被、土壤、物产、人口、交通、政区沿革、掌故风俗等内容有机融合，囊括了丰富的自然地理（尤其是水文地理、生物地理）和人文地理知识，在中国古代地理学史和文学史上都占有重要地位。唐僧玄奘（602— 644 或 664）《大唐西域记》12 卷，记述了 138 个国家和地区的山川地理、风土人情、宗教文化等情况。该书涉及地理范围很广，从中国新疆出发，西抵伊朗和地中海东岸，南达印度半岛、斯里兰卡，北至中亚细亚南部和阿富汗东北部，东到印度支那半岛和印度尼西亚一带，是世界地理学史上的一部奇书。

北宋沈括（1031—1095）《梦溪笔谈》有不少卓见。例如，他考察发现，雁荡山“穹崖巨谷”，黄土地带“立土动及百尺，迥然耸立”，都是流水长期侵蚀的结果；太行山石壁的螺壳化石带，意味着这一带在远古曾是海滨；延川的竹类化石，表明当地有过温湿气候期。这些认识，早于欧洲数百年。元代汪大渊（1311—1350）《岛夷志略》，是现知中国人亲赴海外后编写的第一部海国地志。该书所涉地域，东至今菲律宾群岛的马鲁古群岛，西至阿拉伯和东非海岸，共记地名 220 个。明代徐霞客（1587—1641）历经 30 多年，游览 16 省。后人编成《徐霞客游记》20 卷，约 60 万字，分名山游记、西南游记、专题论文三部分。其中第二部分为主体，对西南岩溶地貌分布及其规律的记载，是世界上最早的系统文献。全书所载溶洞 357 个（其中 69 个是非石灰岩洞穴），徐霞客亲自考察了 306 个。在大规模考察岩溶地貌方面，徐霞客比德国荣格胡恩（F. Junguhn）早 200 多年。

清代地理学名著亦不少，如顾炎武（1613—1682）《天下郡国利病书》、魏源（1794—1857）《海国图志》、徐继畲（1795—1873）《瀛寰志略》等。

2. 地图绘制

夏朝铸鼎象物的做法，带有原始地图的意味。1986年，甘肃天水放马滩出土了7幅秦国木板地图。1973年，长沙马王堆出土了3幅帛制地图。其中，《地形图》以实测为基础，主区部分的比例尺约1∶150 000至1∶200 000。图上有统一的图例，绘有山、河、路和居民点。《驻军图》是存世最早的彩色帛绘地图，主区为今湖南中部至广东珠江口一带，比例尺约为1∶80 000至1∶100 000。《城邑图》也用彩绘，但出土时残损严重。3幅地图表明，西汉地图绘制精度较高。

三国时期，张松（？—212）献给刘备（161—223）的地图，应是较为粗略的示意图。在东吴，赵达之妹制成中国历史上第一幅刺绣地图。西晋裴秀（224—271）被李约瑟称为中国科学制图学之父。他提出的“制图六体”，是中国古代唯一的系统制图理论，具有划时代的意义。在京相璠等人的协助下，裴秀完成《禹贡地域图》18篇。这是中国最早的地图集，可惜已亡佚。隋唐五代的大量方志以图经为主，其中往往配有地图。唐代著名地图学家贾耽（730—805）曾作《地图》10卷和《十一州地图》，但都没保存下来。

宋元时期，中国古代地图学发展到高峰。地图种类很多，以宋代的石刻地图最为著名。沈括用木、蜡等制成地理模型，比欧洲早600多年。元代朱思本（1273—1333）用10年时间绘制《舆地图》。明代状元罗洪先（1504—1564）对其加以增补，成地图集《广舆图》，其中有地图45幅，用图例24种。16—17世纪，中国地图的主要蓝本就是《广舆图》。郑和（1371—1433）下西洋，从南京宝船厂出发，抵达非洲东海岸肯尼亚的蒙巴萨。有关人员沿途所绘《郑和航海图》，是横渡印度洋最早的航海图。全图收地名500个，含中国的200个，国外的300个。清代，康熙帝（1654—1722）命雷孝思（Jean B. Regis，法国传教士，1663—1738）等开展大规模测绘工作，成《皇舆全览图》，比例尺为1∶140万至1∶500万。乾隆朝（1736—1796）对此予以补充，完成《十三排图》。从地域上看，这是一幅亚洲大陆全图。

六、物理学和化学

中国古代未曾建立西方实验科学意义上的物理学和化学，但散见的知识比较多。

某些古书以“物理”命名，如晋代杨泉《物理论》、明代王宣（1565—1654）《物理所》、清代方以智（1611—1671）《物理小识》等。不过，它们谈万物之理，涵盖的学科范围很广。从相对严格的角度来看，中国古代物理学知识主要表现在四个方面。

一是力学知识。《庄子·天地篇》讲到桔槔，利用杠杆原理，用力少而见功多。秤是古代常用的杠杆装置。《礼记·月令》云："秤上曰衡，秤锤曰权。"利用杠杆原理称量物体，具有很高的精准性。唐末道士谭峭所著《化书》记载："转万斛之舟者，由一寻之木；发千钧之弩者，由一寸之机。"杠杆装置以小制大，以少胜多。《列子·汤问》谈到，偃师用木、革、胶等材料制作机械人，能载歌载舞，还与周穆王的侍妾挤眉弄眼。据《三国志·杜夔传》，马钧制作木人百戏，"跳丸、掷剑、缘絙倒立，出入自在"。《墨经》云："力，刑之所以奋也。"人体运动即产生力。《淮南子·主术训》曰："积力所举，则无不胜也。"积力就是合力。《荀子·王道》言："虽有国士之力，不能自举其身。非无力也，势不可也。"人力不能举起自身，这是势能的限制作用。《淮南子·说山训》言："下轻上重，其覆必易。"重心越高，物体的稳定性越差。《庄子·逍遥游》云："水之积也不厚，则其负大舟也无力。"水的浮力大小，与其深度相关。《宋史·僧怀丙传》载，怀丙利用浮力打捞铁牛。按《初学记·漏刻》，北魏道士李兰"以铜为渴乌，状如钩曲，以引器中水"。渴乌即虹吸管，可利用大气压强作用隔山引水。

二是热学知识。《庄子·外物》云："木与木相摩则燃。"木头摩擦，可以生火。汉代《淮南万毕术》记有沸水造冰的方法："取沸汤置瓮中，密以新缣，沈井中三日，成冰。"气体绝热膨胀降温过程，符合焦耳—汤姆孙效应。该书云："艾火令鸡子飞。"古人利用热气对流原理，使鸡蛋壳升空。欧洲人在17世纪（明末清初）也做过类似的游戏实验。四川等地制作孔明灯的方法，应当与鸡蛋壳升空的实验有内在联系。《考工记》曰："凡铸金之状，金与锡，黑浊之气竭，黄白次之；黄白之气竭，青白次之；青白之气竭，青气次之，然后可铸也。"按现代科学的解释，物质不同，气化点不同。气化物质的光谱颜色，反映了其温度的高低。《天工开物·砖》记载了烧砖时控制炉温的方法："凡观火候，从窑门透视内壁，土受火精，形神摇荡，若金银熔化之极然，陶长辨之。"《淮南子·本经训》云："风雨之变，可以音律知之。"空气湿度不同，琴弦的发音也不同。

三是声学知识。《管子》最早提出"三分损益法"，用以计算五音的弦或管长。湖北随县出土的战国编钟64件，组成12个半音系统，可奏出较复杂的乐曲。东汉王充（27—约97）《论衡·论死》谈到人说话发声的原理："人所以言语呼吸者，气括口舌之中，动摇其舌，张歙其口，故能成言。"唐末五代谭峭《化书》论及声音传播现象："耳非听声也，而声自投之。"《韩非子·外储说左下》曰："夫瑟以小弦为大声，以大弦为小声。"古代琴弦用蚕丝做成，丝的多少决定了弦的粗细和音调的高低。蔡邕（133—192）《月令章句》云："箫长则浊，短则清。"管乐器的长短决定了音调的高低。《考工记》载："鼓大而短，则其声疾而短闻；鼓小而长，而其声舒而远闻。"鼓的大小长短决定了鼓声的疾徐和传播的远近。《庄子》最早记载琴弦共振现象。按唐代《刘宾客嘉话录》，洛阳一磬自鸣，和尚惊吓成疾。其友人曹绍夔发现，磬与寺庙钟声共振，故而自鸣。他将磬锉几处，使共振消失，而磬不复自鸣。明代朱载堉（1536—1611）著《律吕精义》，消除了秦汉以来十二律的计算误差，比欧洲早半个世纪创立十二平均律，同于现代世界各国乐器设计通用的音律学原理。

四是光学知识。中国有关光学原理的最早记载见于《墨经》。该书《经下》有云："景之大小，说在柂正远近。"物体受光照射时，影子的长短取决于物的正斜、物体与发光体的距离、发光体的大小。该书还描述了小孔成像、平面镜成像、凹面镜成像、凸面镜成像的现象。《淮南毕万术》谈到平面镜组合成像："高悬大镜，坐见四邻。"一面大铜镜高挂墙上，下面放一盆水（水镜），水中会映出墙外的景物。唐末道士杜光庭（850—933）撰《录异记》，其中载有双面镜成像和凸透镜成像的故事。隋唐间，王度《古镜记》讲到古代有名的透光镜："承日照之，则背上文画尽入影内，纤毫无失。"关于彩虹产生的条件，东汉蔡邕《月令章句》云："虹见有青赤之色，常依阴云而昼见于日冲。"日冲，即与太阳相对的方位。唐代孔颖达（574—648）《礼记正义·月令》言："若薄云漏日，日照雨滴则虹生。"元代道士赵友钦著《革象新书》，其中详细记述了他亲自进行的大型光学实验的条件、步骤及其结论：光具有直进性。

中国古代的化学知识，广泛渗透在农副产品加工、无机盐制取和炼丹等活动中。关于酿造化学，传说黄帝时就有酿酒技术。晋人江统《酒诰》云："有饭不尽，委之空桑，郁积成味，久蓄气芳，本出于此，不由奇方。"他撇开传说，强调自然发酵与酿酒起源的关系。《淮南子·说林训》曰："清醠之美，始于耒耜。"人工酿酒，则是农业生产发展的结果之一。针对制曲酿酒技术，《齐民要术》列有5篇文章，宋代朱肱（约1068—1125）《北山酒经》则成专著。据朱肱所记，酒在压榨过程中，人们采取措施，以防止酸败，且对成品酒使用热杀菌技术。较之法国巴斯德发明的低温杀菌法，这种技术早了700年。明代，红曲生产得到推广。蒸馏酒的起源，当不早于东汉、不迟于元代。儒家经典常有"醯""酱"字，而酱、醋的具体酿造方法最早见于《齐民要术》。豆腐制品的产生，在食品化学史上具有重要地位。朱熹（1130—1200）、李时珍、叶子奇（1327—1390）等都认为豆腐原创于淮南王，而最早明确记载豆腐的是宋初陶谷（903—970）《清异录》："人呼豆腐为小宰羊。"西周时期，人们就用谷物制作甜饴。饴糖的加工技术，最早亦见于《齐民要术》。该书所载蔗糖加工方法，也属最早的文字。冰糖（糖霜）初见于唐代。

古代无机盐化学工艺，其生产对象主要是盐、硝、矾。随着种植业的推广，食品更多依赖于谷物。人们原来茹毛饮血，从动物血肉中摄取的食盐，要到自然界去寻找。《周礼》有"盐人"，其职责是"掌盐之政令，以共百事之盐"。除海盐外，还有石盐，主要从盐井、盐湖中自然凝结析出。《水经注·江水注》载：汤溪"水源出县北六百余里上庸界，南流历其县，翼带盐井一百所，巴川资以自给"。《梦溪笔谈·官政一》谓："崖盐生于土崖之间，阶、成、凤等州食之。"西北地区的崖盐和四川的井盐，都属于石盐。梁陶弘景（456—536）《名医别录·上品卷》云：硝石"生益州及武都、陇西、西羌，采无时"。宋代苏颂（1020—1101）《图经本草》曰：胆矾"出上饶曲江铜坑间者，粗细有廉棱，如钗股、米粒"。在染色化学方面，《周礼》设有"染人"一职。古代染色工艺，将赭石、丹砂、石黄、空青、胡粉、蜃灰作为主要的石染材料，将兰草、茜草、紫草、荩草、菉作为主要的植物染料。在中国古代化学史上，道家的炼丹术扮演着特别重要的角色。在炼丹服药过程中，汞、铅、砷、铜、铁、铝、钾、钠、钙、金、银、锡等化学元素和大量化合物千变万化，强烈扰动着人的生命运行体系，使道家逐步认识到一些化学原理。炼丹道士以高昂的代价，激发出灼人的、甚至要命的化学之光，但仍未能打开近代化学之门。

古代中国科技思想（或科学思想）很丰富。粗略言之，有机自然，阴阳，五行，八卦，元气，风水，三才，三宜，天人相分、天人感应、天人合一，圜道观，天不变、道亦不变，天道远、人道迩，技进乎道，尽人事、顺天命，虽有什佰之器而不用，存天理、窒人欲，戒奇技淫巧，戒机心坏人心……如此种种观念，贯穿着浓厚的整体思维精神，具有农业社会求和求稳、顾虑长远、归于中庸的特点，且其中相当一部分符合生态文明的内在要求。中国古代主流学者对天、地、物、人多存畏忌之心，缺乏西方人那种试图将全球、全宇宙及其每一个元素都为我所用的刚猛进取之性，因而显得比较保守（相对于佛教等宗教观念来说，却又比较积极）。在近现代工商社会掀起的全球化浪潮中，在社会达尔文主义咄咄逼人的世界舞台上，保守思想及其言行不合时宜，必然会遭到鄙视和羞辱。然而，当系统论、耗散结构论、协同论、突变论等科学理论崛起之时，正是笛卡尔、牛顿等人的机械论受到批判之时，也正是中国传统科技思想被重新认识之时。无论如何，"李约瑟难题"及其相关问题都会长期让一些学者纠缠。

延伸阅读

1.（汉）司马迁．史记·天官书．北京：中华书局，1959.

2.（汉）司马迁．史记·仓公传．北京：中华书局，1959.

3.（北魏）郦道元．水经注·渭水注．北京：中华书局，2009.

4.（后魏）贾思勰．齐民要术·序．缪启愉校释．北京：农业出版社，1998.

5.（明）宋应星．天工开物·序．潘吉星译注．上海：上海古籍出版社，2008.

6.（清）张廷玉等．明史·徐光启传．北京：中华书局，2000.

7. 杜石然等．中国科学技术史稿（修订版）．北京：北京大学出版社，2012.

思考题

1. 如何认识原始技术与社会生活的关系？

2. 四大发明对中国和世界历史有什么影响？

3. 中国古代农学有哪些主要成就？如何认识传统农学与生态文明的关系？

4. 中国古代医药学有哪些主要成就？如何理解其价值？有人说，一百年后，中国人得向日本人学习中医药学。你怎么看待这个问题？

5. 一般认为，中国科学技术在古代比较发达，在近现代则相当落后。对此谈谈你的看法。

第二章　古代亚非科学技术

宇宙布满星辰，亘古运行，永远安宁。人间争斗不停，乱象纷纭，永不安宁。

——泰戈尔

奇怪的是，当人们为谬误辩护的时候，使出的力气比捍卫真理时所用的还要大。

——纪伯伦

第一节　古代印度科学技术

作为世界文明古国之一，古印度包括南亚次大陆及其邻近岛屿。公元前 3000 年左右，印度河中下游的达罗毗荼人过渡到奴隶社会，创造了哈拉巴文化。公元前 1200—前 800 年，雅利安人侵占北印度，史称前吠陀时期，公元前 9—前 8 世纪，古印度进入后吠陀时期，不少奴隶制城邦出现，社会分化成婆罗门、刹帝利、吠舍、首陀罗等阶级。公元前 6 世纪，波斯人入侵印度河流域；迦毗罗王国的王子乔达摩·悉达多创立佛教，被后人称为释迦牟尼。公元前 4 世纪末，古希腊人和马其顿人一度占领该地区。之后，当地摩揭陀人兴起，建立孔雀王朝，成为古印度历史上第一个大帝国。公元 7 世纪上半叶，曷利沙帝国建立，古印度开始进入封建社会。19 世纪中期 占领印度全境，古印度历史告一段落。

雀王朝设有高级官吏管理全国的水利事业。世界上的棉花种植和棉纺织加工技术，最早起源于古印度——后世英国等国家以棉纺织业为重点的工业技术革命，皆因此找到农业生物基础和首要历史前提。古印度的农作物主要是大麦、小麦、水稻、豌豆、甜瓜等，家畜主要是羊、猪、狗等。大象的驯化和利用，估计是相当早的。雅利安人原以畜牧业为主，到吠陀时代发展种植业，推广畜耕、灌溉、施肥技术。孔雀王朝大规模兴修水利。《大唐西域记·摩揭陀国上》载，摩揭陀“有异稻种，其粒粗大，香味殊越，光色特甚，彼俗谓之供大人米”。据玄奘所见，曷利沙帝国时期的水稻技术较有特点。鲜为人知的是，古印度的农学比较发达，出现了《帕拉沙拉农书》《卡什亚巴农书》《惠民农书》等专书，而《植物科学》《植物医学》等也有农学资料。

二、手工业技术

在掌握青铜冶炼技术方面，古印度人较巴比伦人早了一千多年。哈拉巴文化时期，人们用锻打、铸造、焊接等技术，将铜或青铜制成锄、鱼钩、箭镞、斧、锯、凿、矛头、匕首等器具。当时的金银饰物比较精致。公元前9—前8世纪，印度人开始使用铁。其技术可能是由外部传入。大约在公元前4世纪，古印度人发明了炼钢技术。笈多王朝时期留下的一根铁柱，高7.25米，重约6.5吨，至今没有锈蚀。当时铸造了许多铜像，有的高达2米。古印度人很早就能将甘蔗加工成蔗糖。公元前4世纪，孔雀王朝大臣考底利耶（Kautilya，前350—275）的《治国安邦术》有cinapatta一词，其意为中国的丝。公元16—18世纪，印度的蚕丝业较为兴盛。哈拉巴文化时期，人们已能给棉布染色。孔雀王朝时期，棉纺织业相当发达。笈多王朝时制造的大海船，可容纳数百人。古印度的海船航路，向东通过马六甲海峡到达中国，向西通过阿拉伯海到达红海。古印度的文字（梵文），少数刻在石头、竹片、木片、的纸……而大量书写在白桦树皮和树叶上。公元7世纪，印度引入中国发明

三、建筑技术

在世界建筑史……而古印度人最早采用烧制的土砖建造房屋。哈拉巴……结构。著名古城摩亨佐·达罗建于公元前100……城两部分组成。卫城高厚的城墙和塔楼，是……的大谷

仓、一个600平方米的会议厅、一间1 800平方米的大浴室。下城有很多居民住宅，包括两三层的楼房。城内还有便利的交通网和供水、排水系统。孔雀王朝以后，古印度因佛教兴盛而出现很多佛寺、佛塔和石窟。德里苏丹国时期，伊斯兰教被奉为国教，很多伊斯兰教建筑趁势而起。公元17世纪的泰吉·玛哈尔陵墓，修筑时间有20多年。它全部采用白色大理石砌成，镶嵌着多种宝石，成为穆斯林奢华建筑的代表。

四、医学

古印度最早的医学文字见于《阿柔吠陀》（意为生命知识）。该书大约出现在公元前1世纪，巫术成分很少。其中有咳嗽、发烧、肺病、水肿等病名，并载有一些治病方法，带有巫医不分的色彩。书中提出人体的五大要素，即躯干、体液、胆汁、气、体腔，对应于自然界的地、水、火、风、空五大元素。躯干和体腔是稳定因素，而体液、胆汁和气是活泼因素，如果这些因素失调，人就会生病。这是古印度医学的基础理论。书中还有内科、外科、儿科等多种疾病的治疗方法和药物。名医妙闻大约生活在公元前，而流行的《妙闻集》修订于11世纪。其中有一些解剖学知识，论及生理学、病理学的许多问题，研究内科、外科、妇产科、儿科各类病症1 120种。该书记载药物760种、外科手术器材120种，在治白内障、除疝气、治疗膀胱结石、剖腹产等外科手术方面显示出了相当高的水平。另一位名医阇罗迦（120—162）所著的《阇罗迦本集》，被誉为古印度医学的百科全书。除了阐述医学基本理论外，该书还提出了营养、睡眠和节食的摄生规则，进一步研究了病因、病理。书中记载了整套诊断治疗方法和500种药物。另外，《八科提要》和《八科精华》分别在7世纪、8世纪成书。它们与《阿柔吠陀》《阇罗迦本集》一起，堪称古印度四大医学名著。古印度与古希腊、阿拉伯、中国（尤其是西藏）等地在医学方面有一定的交互影响。

五、数学

古印度的计数法，在哈拉巴文化时期是十进制，在7世纪后是从中国引入的位值法。9世纪时，零符号出现和使用，使十进制计数法趋于完备，这是古印度数学对世界最突出的贡献。《准绳经》是现存最早的古印度数学著作，成书于公元前5世纪至前4世纪。在讲述祭坛修筑技术时，该书涉及一些几何学知识，如勾股定理、圆周率 $\pi=3.09$ 等。《太阳悉檀多》列有世界上最早的三角函数表。《圣使集》成书于公元前499年，有66条涉及数学，包括算术运算、乘方、开方等知识，其中估算 $\pi=3.1416$。公元前1世纪的《达昌经》涉及二项式定理。7—12世纪，古印度产生数学四大家：梵藏、大雄、室利驮罗、作明。其中，作明的贡献最大。628年，梵藏著《梵明满悉檀多》。在印度历史上，他最早提出负数的概念，并探讨其运算方法。对"零"，他有一定认识，但误以为零除以零得零。他确定了一般二次方程的求解规则，总结出以四边形边长求其面积的正确公式，并估算 $\pi=3.1623$。830年，大雄著成《计算精华》。他认识到零除以任何数得零，但误认为零除某数仍得该数。他发现，一个分数除以另一个分数，等于把后一个分数的分子、分母颠倒后与前一个分数相乘。大雄可能接触过中国数学著作。1020年，室利驮罗著成《算法概要》。他还有关于求解二次方程的专著，但没能流传下来。作明《历数全书头珠》的"嬉有章"和"因数算法章"，代表了古印度数学的最高成就。他指出，以零除一个数为无穷大；一个数的平方根为一正一负，需按条件选取适当的根；负数的平方根没有意义。关于求不定方程整数解，他找到了正确的方法。计算球面面积和球体体积，他也给出了正确的公式。他算出 $\pi=3.1416$ 或 3.1419，并认为前一个数值比较准确。

六、天文学

在吠陀时代，古印度人将一年定为360日，分作12个月。他们认为，天地中央是一座大山，叫须弥山。日月环绕须弥山运行，太阳绕行一周就是一昼夜。古印度先后出现了四大天文名著，其中佚名的《太阳悉檀多》最负盛誉。它成书于公元前6世纪，内容包括时间的测量、分至点、日月食、行星运动和测量仪器等。按该书所记，大地为球形，北极是墨路山的山顶，住着神仙。日、月和五星的运行，是由宇宙风驱使的。499年，圣使编撰《圣使集》，论及日月和行星运动及推算日月食的方法。505年，彘日汇编的《五大历数全书》，保存了较多文献。古印度《九执历》定一个朔望月为29.53日，19年设7个闰月。12世纪，天文学家和数学家作明编著《历数全书头珠》。他认为，地球靠自身力量固定在宇宙中，日月和五星的运动是在七重气的推动下实现的。这类想法，可能受到古希腊学者的影响。18世纪，古印度人在德里等地建立天文台，开始采用较复杂的仪器进行天文观测。

七、科学思想

古印度的科学往往与宗教混合在一起，表现出比较活跃的思想性。在吠陀时代，一些学者探索世界的本源，或认为是风，或认为是水，或认为是水、地、火、风四元素，或认为是水、地、火、风、空五元素。对自然现象的不同解释，形成了自然说、自性说、转变说三种学说。自然说坚持世界本源的物质性，但不认可具体事物的客观规律性。自性说赞同世界的物质性和事物的客观规律性，但强调自性（事物内在本性）所驱使的一切变化只是简单的数量增减，因而在认识上带有机械性。转变说认为物质世界的原始状态无差异，由于自身矛盾作用而变化。在自然哲学方面，出现弥差派、数论派等派别。弥差派认为物质世界作为一个整体，不可能被创造和毁灭，其受到客观规律的支配。数论派认为世界发展的动因是一种原初物质内部的矛盾运动。古老的宗教派别耆那教提出了极微论，认为极微（paramānu，原子）同质，是构成物质世界的最小单位。这种观点，与古希腊的原子论有相通之处。后来，正理—胜论派进一步阐释了极微论。该派认为，真知是存在的，而衡量真伪的唯一标准只有实践。早期的佛教学者将自我与物质世界比作水流和自生自灭的火焰。他们认为，一切都在永无休止地变化，一切都处于无穷无尽的生灭循环中，而存在就是不断地生成。这些认识，都带有强烈的思辨色彩，包含着一定的科学因素。孔雀王朝以后，古印度的科学思想显得相当沉寂。

古代波斯的技术，在此附带一提。波斯人于公元前550年前后建立东起印度、西至地中海的波斯帝国，于公元前513年建立了横跨欧亚非的大帝国。波斯帝国兴修水利，经营灌溉农业，并发展畜牧业。在巴格达、叙利亚、腓尼基、小亚细亚等地，城市的手工业比较发达，铁制工具逐步推广，金、银、铜币大量使用，织毯、建筑、雕绘等工艺相当精美，宫殿的浮雕、釉陶装饰和壁画都显示出较高的工艺水平。一条交通干线从巴比伦城起，横贯伊朗高原，东达巴克特利亚和印度边境。大规模的运河开凿，沟通了尼罗河与红海的联系。交通技术的改善，使波斯生产的毛织品、丝绸、武器和珠宝等远销国外，使其国教“琐罗亚斯德教”广泛传播。南北朝时，该教传入中国，称拜火教、袄教。

第二节　古代两河流域科学技术

两河指亚洲西南的幼发拉底河与底格里斯河。它们发源于今土耳其的亚美尼亚高原，向东南流入波斯湾。古代两河流域孕育的文明，又称美索不达米亚文明。公元前3500年，苏美尔人开始建立奴隶制城邦。约半个世纪后，塞姆人建立巴比伦城邦。约公元前1894—前1595，塞姆人的一支——阿摩利人建立了巴比伦王国。公元前1792—前1750，第一王朝第六王汉谟拉比在位，巴比伦统一两河流域，进行极盛时期。公元前 7 世纪，新巴比伦王国建立。公元前 538 年，新巴比伦王国被波斯帝国毁灭。

一、农业与水利技术

两河流域土地肥沃，雨量充沛，气候温和，适合农业生产，因而出现了世界上很早的农业文明。大约在公元前 4500 年，苏美尔人在两河流域南部入海处的示拏平原定居，进入氏族社会。他们开始兴修水利，实行灌溉，发展农牧业。世界上最早（公元前 18 世纪）的法典——《汉谟拉比法典》有专门条文涉及水利和农业。例如，其第 53 条规定："若某人因疏忽而没有加固其堤防，没有保持堤坝的坚固，堤坝决口，水淹牧场，则谁的堤坝决口，谁就应承担他所造成的饲料损失。"汉谟拉比统治期间，政府专门设立管理水利的官吏。两河流域的人们发明和采用畜力牵引的播种机，提高了农业生产力。小麦与大麦为其主要粮食作物，蔬菜和水果也有较多种植。

二、手工业技术

巴比伦王国时期，两河流域出现较多的青铜器。最早发明冶铁技术的，可能是亚美尼亚山区的基兹达温人。公元前 2000 年左右，他们炼出了铁。原始的炼铁方法是块炼：将成块的富铁矿石放进炉子烧红，再取出锤炼多次，就会炼出杂质较多的海绵铁。虽然如此，海绵铁的性能也超过青铜，而且铁矿石储量较多，所以冶铁业迅速兴起。铁器的规模性使用，不仅使石器逐渐退出历史舞台，而且在公元前 7 世纪左右的两河流域和古埃及一些地方，基本上取代了青铜器。对于这类技术变革，恩格斯评论说："铁已在为人类服务，它是在历史上起过革命作用的各种原料中最后的和最重要的一种原料……铁使更大面积的田野耕作、广阔的森林地区的开垦成为可能；它给手工业工人提供了一种其坚硬和锐利非石头或当时所知道的其他金属所能抵挡的工具。"① 据《汉谟拉比法典》所载，古巴比伦王国的手工业有纺织、木器制作、制砖、制革、刻石、珠宝加工等数十个门类。公元前 1000 年左右，两河流域的玻璃制造业已比较兴盛。该地区的纺织业以亚麻和羊毛为主要原料，产品远销西亚等地，出口的大宗货物是纺织品，换回的多为金属矿产和木材；出土的陶轮最早为公元前 2000 多年，这说明当时的制陶技术已有相当水平。

---

① 中共中央编译局．马克思恩格斯选集（第 4 卷）．北京：人民出版社，1995. 163.

与手工业技术有关的是泥板书的发明和应用，这当溯及苏美人之手。他们先是发明象形文字，后来为求书写方便而改造成楔形文字。在湿软的泥板上，用一根小木棒或苇秆压出笔画，即可组成文字。笔画为楔形，故名楔形文字。泥板晒干或烘干，便可以长期保存。现存泥板书约 3 万块，是一种奇特的研究资料。颇具规模的泥板书，应当出于祭司在宗教神秘气氛中所进行的科学文化创造活动。

三、建筑与交通技术

古代两河流域的建筑原料是木材、泥砖和石头。公元 2000 年左右修建的一座神庙，是阶梯塔式建筑，有七层，最高处约 26 米，底层面积约 3 800 平方米。新巴比伦王国时期，两河流域的建筑技术达到高峰。新巴比伦城堪称建筑奇迹，王宫的空中花园举世闻名。全城有内外三道城墙，塔楼 300 多座。穿过城区的幼发拉底河上建有石墩桥梁，贯通全城的笔直大道上铺着白色或玫瑰色的石板，城门上装饰着玻璃拼成的美丽图案。马都克神庙是城内最大的建筑，为塔式结构，高约 90 米。公元前 604—前 561 年，巴比伦修建大规模宫殿庙宇，其部分遗迹至今尚存。

两河流域的陆路运输，最初靠人力、畜力，后来发明并使用了牲畜牵引的泥橇。大约在公元前 3000 年，人们发明了两个轮子的车。从世界范围来看，这在同类车中可能是最早的，在交通技术上堪称一项重大变革。水运交通中的船，是河滨和湖畔一带的人最早发明的，应出现在木工手艺兴起之后。大约在公元前 7000 年，两河流域出现独木船。

四、医学与生物学

古代两河流域留存下来的泥板书，有 800 多块涉及医学，其中出现的病名有咳嗽、胃病、黄疸、中风、眼病等。泥板书载有医生用药和按摩治疗的方法，记有 150 多种植物药，还有用动物油脂制成的药膏。《汉谟拉比法典》的部分条文与医学相关，堪称世界上最早的医疗立法。例如，其中规定手术成功应付多少钱，手术出事故应如何处罚等。医生可能已经从以前的祭司中分化出来，在职业上表现出一定的专门性。

泥板书记有 100 种动物和 250 种植物的名称，应是世界上最早的生物分类学资料。据泥板书载，枣椰树开花时进行人工授粉，可以提高枣椰产量。

五、数学

在古代两河流域，人们兼用十进制和十六进制作为计数法，还编制了一些数学用表。泥板书载有乘法表、倒数表、平方表、立方表、平方根表、立方根表等。其中，倒数表一直可以计算到6 019大的倒数。人们能解一元一次方程、多元一次方程、一元二次方程，还有一些特殊的三次方程和四次方程以及指数方程。泥板书记载：$(1+0.2)^x=2$，得出 $x=3.8$。他们知道，半圆的圆周角是直角，正方形的对角线为边长的倍。在计算直角三角形、等腰三角形和梯形面积时，他们得出了正确的公式。圆周率估算为 $\pi=3$ 或 3.125。圆周分为360°，1°分为60′，1′分为60″。

六、天文学等

古巴比伦人认为，宇宙是个大箱子，而大地是它的底板。在两河流域，人们采用阴历，把月亮盈亏周期定为月。每个周期为29.5日，每月为29或30日，大小月相间。每年12月，计为354日。隔几年加1闰月，该年为13月。他们采用星期、时、分、秒的概念，并拟订换算方法。7天定为一星期，每天为12小时（古1小时=今2小时），每小时为60分，每分为60秒。天象观测工作由祭司担任，而寺庙的塔台就是早期的天文台。占星活动的兴盛，客观上推动了天文学的发展。一些泥板书载有天文观察结果，将恒星和行星加以区别，并留下了关于行星运动的惊人数据。例如，关于行星会合周期（行星与太阳、地球的相对位置循环一周所需时间）的记载，相对误差在1%以下；土星会合周期为378.06日（今值为378.09日）；木星的会合周期为398.96日（今值为398.88日）。两河流域出现了世界上最早的星图。那里的古代天文学家将黄道附近的一些恒星划分为若干星座，分别命名并沿用至今。

泥板书中有两幅地图，一幅刻画着当时的尼普尔城，另一幅带有世界地图的意味，刻画着当时人们所知道的世界。公元前17世纪的一块泥板书，载有制造铜铅釉药的方法，这应是世界上最早的化学资料。

第三节　古代阿拉伯科学技术

阿拉伯位于亚洲西南部，在埃及、巴勒斯坦与两河流域之间，被波斯湾、阿拉伯海、红海所包围。从名义上看，古代阿拉伯先后成为埃及、波斯、马其顿、叙利亚等国的附属地。632 年，伊斯兰教创始人穆罕默德(Muhammad，约 570—632）收复麦加，统一阿拉伯世界。7 世纪中期，奴隶制的伍麦叶帝国建立，扩张至今巴勒斯坦、叙利亚、伊朗和埃及等地。8 世纪中叶，封建性的阿巴斯帝国取而代之，其领土横跨亚非欧三大洲，西至整个北非和西南欧的西班牙、葡萄牙一带，东及小亚细亚。1258 年，阿巴斯王朝被蒙古人灭亡。阿拉伯人在西班牙、埃及等地的统治长达七百多年，到 1492 年结束。阿拉伯受到古代印度、希腊、波斯和中国的影响，为东西方科学文化的交流发挥了显著的作用。阿拉伯人保存了丰富的古希腊文献，并在科学技术方面取得了重大的成就。

一、农业与手工业技术

阿拉伯境内气候干旱，土地贫瘠，沙漠较多。沙漠地区的人们长期过着游牧生活。骆驼的驯化、饲养和利用，很可能始于阿拉伯人。沙漠之间的绿洲，土地较肥沃，适宜农业。绿洲往往有泉水，还可修凿水井，以利灌溉和居民定居取水，为农业和集镇的发展提供了基本条件。集镇通常修有围墙，以防御游牧民族的袭击。在麦加、麦地那、巴格达、巴士拉等著名城市，手工业相当兴盛。人们加工粮食、布匹、蔗糖、糖浆，酿制美酒。工匠们用金、银、铜、青铜、铁、钢等作为材料，制成各种器具。他们生产的玻璃、陶器，在工艺上达到了较高的精良程度，染色的技术也用得很巧妙，生产的纸和革制品名扬欧洲。多种多样的农副业和手工业产品经阿拉伯商人之手，在亚非欧广大地区频繁流动，其中一部分销售到中国。

二、医学

阿拉伯涌现出不少名医名著。例如，曾任巴格达医院院长的阿尔·拉兹（Al Razi，865—925）对古希腊、印度、中国的医学都有所了解，编撰过两百多部著作。其中，《医学大全》内容丰富，译介到欧洲很多地方；《天花与麻疹》开创性地论述了天花和麻疹的病程、征兆、症状和治疗方法，为阿拉伯医学赢得了极大的荣誉。阿维森纳（Avicenna，980—1037），原名伊本·西纳（Ibn Sina），被称为阿拉伯“医学之王”。相传他有四百种著作，以《治疗集》和《医典》最为著名。《治疗集》谈论疾病的治疗方法，有浓厚的哲学色彩。《医典》分五卷，涉及解剖学、生理学、药学等多方面内容，记载药物 760 种。物理疗法有水疗、日光疗、空气疗等，外科手术涉及膀胱结石排除法、气管切开法等。书中的脉诊法，应是借鉴中医的结果。《医典》被译成拉丁文，被欧洲很多大学作为教科书，在一定程度上取代了盖伦和拉兹的地位。阿拉伯人最早在眼科方面进行专门研究，最早使用晶状体、角膜之类名词。伊萨科著《眼科医生手册》，论及130种眼病和治疗方法。英国作家型学者韦尔斯引述撒切尔等《欧洲通史》的看法认为，就医学上所取得的进步而言，阿拉伯人远远超过了希腊人。① 这表明，阿拉伯医学在历史上享有很高的声誉。

三、数学

在数学方面，阿拉伯人写下了辉煌的历史。他们不仅完善了印度—阿拉伯计数法，而且贡献出一大批数学名家和名著。哈兰学派的哈查只，曾翻译过欧几里得的《几何原本》。阿尔·花拉子米（Algoritmi）是阿拉伯第一位大数学家，出生在花拉子米城（今乌兹别克斯坦黑瓦城附近）。820年左右，花拉子米著成《代数学》。后来，他被誉为“代数学之父”。他对丢番图的数学有所发展，特别是首次论述了二次方程的一般解法。对于二次方程，丢番图只承认一个正根，花拉子米则承认一正一负两个根。而且，花拉子米允许无理根的存在。他引入移项和对消的方法，而此法是当时印度数学家尚不明确的。在《代数学》中，未知数叫做根，含有树根、基础或根本的意思。后来译成拉丁文的“根”，一直沿用下来。12—16世纪，《代数学》是欧洲各大学的主要教科书之一，algebra一词，即源于该书名称，与其作者名字相关。欧洲人学习该书后，才开始正式的代数学研究。在三角学方面，花拉子米运用正弦函数，引进正切函数。白塔尼引进余切函数，并研究球面三角学。外发用几何学方法解代数方程，引进正割函数、余割函数，推出一些重要的三角公式。阿尔·丁率先将三角学发展成独立的学科分支。1424年，阿尔·卡西著成《算术之钥》，算得圆周率 $\pi = 3.141\ 592\ 653\ 589\ 793\ 25$。这一数值准确到小数点后17位，打破了祖冲之保持近千年之久的世界纪录。

四、天文学与地理学

穆斯林的宗教活动对天文学提出了三个特殊要求，即伊斯兰的太阴历、祈祷的时刻、朝圣的方向。从9世纪起，巴格达、大马士革等地开始建立天

---

① 威尔斯. 世界史纲. 吴文藻等译. 北京：人民出版社，1982. 680.

文台，不少天文学家取得了较大成就。例如，尤努斯（Ibn Yunīs，？—1009）作《哈基姆天文表》，留下了关于日月食的很多资料。科尔多瓦的查尔卡利将托勒密（Ptolemaeus，约 90—168）的水星均轮改为椭圆形，其《托莱多天文表》在欧洲使用约两百年。伊尔汗国天文学家用 12 年编成《伊尔汗天文表》，后来又制作《乌鲁伯格天文表》。1428 年，帖木儿的孙子乌鲁伯格（Ulugh Beg，1394—1449）在撒马尔罕建成当时世界上最先进的天文台。他绘制的天象图包括 994 颗星，超过了托勒密的同类作品。比鲁尼（Al Bīrūnī，973—1050）认为，地球绕太阳旋转，行星轨道可能是椭圆形。巴塔尼（Al Battānī，858—929）是伊斯兰世界最为杰出的天文学家，其《积尺》一书被哥白尼多次引用。巴塔尼求出的黄赤交角为 23°35′，在精度上高于托勒密的成果，接近今值 23° 27′。14 世纪，大马士革天文学家伊本·沙提尔在计算月球运动时，引进了二级本轮，这与后来哥白尼所用的方法相同。

9 世纪时，阿拉伯商人苏莱曼到远东和南亚，归国后口述见闻，经人记录整理，于 851 年写成《中国印度见闻录》。这是阿拉伯人关于中国（尤其是广州等地）和印度沿海地区情况的第一部游记。阿尔·花拉子米著《地形》一书，其中的地图是作者与很多学者合作绘制的。雅古特的《地名词典》按字母顺序编排而成，是一部地理学杰作。在印度居住多年的比鲁尼提出了一个颇有价值的看法：印度河谷原为古海盆地，后由泥沙淤积而成。在哈里发麦蒙的主持下，一些学者实测地球子午线一度之长，并由此推算赤道的周长和地球的直径。

五、物理学与化学

在物理学方面，比鲁尼测定过 18 种宝石和金属的比重，用连通管原理解释了天然喷泉。哈尼兹编成比重表，他认识到，空气也有重量，大气密度与高度有关——越高密度越小。肯迪知识渊博，编写了三百多部作品，在几何光学和生理光学方面，都有专门著述。阿尔·哈曾（Al Hazen，965—1038）又名伊本·海塞木，其《光学》一书是古阿拉伯最著名的专著。他正确地指出，人能看见物体，是物体发出的光线进入人眼所致。通过大量实验，他认定光线在不同介质的界面上折射，入射线、折射线和法线在同一平面上。他研究球面镜、抛物面镜和球面相差问题，并探明了平凸透镜的放大作用。《光学》对欧洲中世纪的光学研究影响很大，并奠定了近代光学的重要基础。

古阿拉伯的化学与炼金术关系密切。炼金术是将普通金属变成金银或丹药的方法，广泛应用于古代中国、印度、埃及、阿拉伯等地。阿拉伯治下的西班牙人吉伯（Jabir Ibn Hayyan，721—815）是最杰出的炼金术士。早在古罗马时代，佐西默斯约有300篇文章涉及炼金术，但若论实际贡献和影响，吉伯远远超过了他。吉伯著有《物性大典》《东方水银》《七十书》等。他修改古希腊四大元素说，发现了硫酸等强酸。他认为，四大元素化合，形成硫和汞。硫有易燃性，汞有金属性。铅能分离成硫和汞，而它们用新的搭配比例能化合成铅。他试图将贱金属变成金，这类想法在“燃素说”出现之前的很长一段历史时期内，诱使无数炼金术士寻找“点金石”和“长生不老药”。除吉伯外，医学家阿尔·拉兹也是一位炼金术大师。丹皮尔指出：由于误解了一世纪亚历山大的技术起源，后来的阿拉伯“炼金家为自己树立了两大目标，而这两个目标都是不能实现的——一是要把贱金属变为黄金，一是要炼制成能医治一切疾病的‘仙丹’。他们的钻研当然非失败不可。不过他们却因此得到许多可靠的化学知识，并发现了许多有用的药品。”① 除了硫酸之外，阿拉伯人新发现的物质有钾、碱、硝酸、硝酸银、升汞防腐剂等。炼金术、酒精、碱、蒸馏器等词均源于阿拉伯语，这也是重要的贡献。

六、科学思想

阿拉伯的科学思想受亚里士多德和新柏拉图主义影响很大。阿拉伯学者肯迪认为，数学和自然科学在论证哲学问题上有重要意义，物质、形态、运动、空间、时间是五个原始实体。他反对当时流行的观点——世界没有规律性。阿维森纳是二元论者，认为自然万物由物质组成，而物质世界是永恒的，既不可能被创造，也不可能被消灭；世界的本原有两个，除了物质外，真主也是绝对的本原。伊本·鲁世德是天文学家、医学家和哲学家，在阿拉伯世界享有很高的声誉，对中世纪欧洲有较大影响。通过注释亚里士多德的著作，鲁世德阐明了自己的思想。他认为，物质世界在时间上无始无终，在空间上有限；真主和自然同样永恒存在。由于部分言论不合《古兰经》，肯迪、阿维森纳和鲁世德都被视为异教徒。虽然阿拉伯科学技术具有一定的世界意义，但在思想上仍难以突破伊斯兰宗教的巨大牢笼。

第四节　古代埃及科学技术

古埃及文明主要是在尼罗河流域孕育的。尼罗河是世界第一长河，流经

① W. C. 丹皮尔. 科学史. 李珩译. 北京：商务印书馆，1975. 123～124.

非洲东北部，由南向北注入地中海。公元前3500年左右，尼罗河三角洲建立了下埃及王国，尼罗河河谷建立了上埃及王国。约公元前3000年，上埃及王美尼斯征服下埃及，建立了统一的奴隶制国家，定都西尼斯，开始了第一王朝。从此，古埃及的历史可以分为5个时代：前王国（公元前32世纪—前28世纪），古王国（约公元前28世纪—前21世纪，确立以法老为首的中央专制政体），中王国（公元前21世纪—前17世纪），新王朝（公元前16—前11世纪），衰落（公元前11世纪—前6世纪）。公元前525年，古埃及亡于波斯帝国。

一、农业与水利技术

在旧石器时代晚期，古埃及一些部落就开始种植作物。尼罗河之神俄西里斯，又是农神和植物之神。从古埃及第一王朝开始，尼罗河水利系统就纳入中央政府管辖之下。官方派专人观测记录尼罗河的水情和水位变化，并修建了孟菲斯城外的大堤坝和水库。古王国时代，灌溉农业得到发展。中王国时代及以后，水利继续受到重视。古埃及除了经营灌溉农业，还使用牛、驴等畜力耕地。最早的犁为木石结构，即在木制的犁架上安装石制的犁铧。后来，犁铧逐渐换为铜、铁器具，提高了耕地效率。粮食作物以大小麦为主，蔬菜有胡萝卜、莴苣、黄瓜、葱、蒜等，水果有葡萄、枣椰、无花果等，饲养的牲畜有马、牛、羊、驴等。

二、手工业技术

公元前3500年左右，埃及人除使用石器外，还有陶器和少量铜器。新王国时期出现较多的青铜器。考古发现的一些古埃及壁画和浮雕，反映了冶铜的情形。起初，人们通过管子，用嘴吹气鼓风，后来改为脚踏鼓风。公元前1000多年，古埃及的玻璃制造业已有较大规模。公元前7世纪左右，埃及人开始使用铁，他们的冶铁技术可能是从外地引入的。考古出土的实物证明，古埃及的纺织技术比较发达。例如，第一王朝时代的一块亚麻残片，其经纬线的密度达到每平方厘米63×74根。一些古代图画表明，古埃及纺织业者先用一种比较简陋的卧式织机，后改为两人操作的立式织机，能够织出较宽的布。有的壁画反映了古埃及人制陶的情景，说明他们在该行业的技术较为成熟。他们与两河流域的人民一样，在很早的时候就能制造玻璃，虽然由于原料不纯，玻璃的透明度不高，但玻璃器具色彩绚丽。

从文字书写材料上看，古埃及人发明了草纸书。尼罗河三角洲出产纸草，形似芦苇。纸草截成小段，剖开压平，拼排整齐，联结成片，晒干即成草纸。芦苇秆之类可以作笔，蘸上墨（油菜汁和黑烟末调制而成），就可以在草纸上书写。古埃及腓尼基人发明的字母文字传入希腊，后来演变成希腊字母、拉丁字母、斯拉夫字母，其间所借助的基本物质文化媒介当首推草纸书。

四、建筑与交通技术

埃及从古王国时代开始修建金字塔，而在中王国时代大造宫殿。金字塔是法老（国王）的陵墓，呈方锥形，修造时间为公元前27世纪—前16世纪，主要原料是石料、铜、木材和植物纤维。最大、最有名的金字塔，以法老胡夫及其儿子哈夫拉为墓主。塔基呈方形，每边长232米，高约146.5米，用巨石230多万块。每个石块加工精细，重约2.5吨。石块间未用泥灰，但砌缝严密。塔内有甬道、石阶、墓室等。胡夫金字塔的修建，每天役使10万劳工，耗时30年。哈夫拉金字塔稍小，但更精致。当时人们主要使用石器和青铜器而无铁器，竟能建造庞大的金字塔，这不仅是建筑史上的奇迹，而且是至今未解之谜。第一座锥型金字塔的设计师，为古王国时期的圣贤式学者伊姆霍特普。他是第一位留下姓名的科学家，并在建筑方面被称为始祖。尼罗河上游第一座伊德佛庙，相传也是由他设计的。公元前14世纪，埃及人在尼罗河畔修建的卡纳克神庙，主殿矗立着134根巨大的圆形石柱，其中最大的石柱有12根，直径各为3.6米，高约21米。

古埃及早期的一种船，可能是先用树枝编制篮子样，再用沥青涂缝，后来又用牛皮、柳条制造。大宗货物的运送，主要通过尼罗河、地中海和红海。这方面的需要，促进了造船业的兴盛。考古发现的一艘木船，其年代约在公元前2700年，其长度达47米。公元前2000年，埃及人能造出比这更大的船，其长为54米，宽18米，可乘坐120人。修建金字塔的厚重石块，可能是通过这样的船从尼罗河漕运的。公元前7世纪，为了沟通红海和地中海的水上联系，埃及人开始尝试性地开凿运河。虽然这种尝试未能成功，但在技术思想上开启了苏伊士运河的先声。

五、医学、数学、天文学

古埃及的草纸书《埃泊斯医药籍》，是一部世所罕见的医学著作。其宽为30厘米，长为20.23米。书中记有内科、眼科、妇科等很多病的症状和治疗方法，药方达877个。该书还涉及解剖学、生理学、病理学方法的知识。公元前1700年写成的史密斯医学草纸书，被誉为世界上第一部外科著作，其中记有48种外伤的诊断和治疗方法。古埃及人有制作木乃伊（干尸）的传统。他们取出死尸的内脏，用防腐药物和香料敛藏尸体，待其干化，就是木乃伊。后人研究估测，公元2000年左右，埃及人已用放射性物质保护法老的木乃伊。伊姆霍特普在医学方面也很有名，被埃及人和希腊人奉为神医。

古埃及人用十进制作为计数法，能求解一些方程。丈量土地、确定赋税的需要，促进了几何学的兴起。人们找到正确的方法，以求三角形、正方形、圆形、梯形的面积和立方体、锥体的体积。分数、比例、方程式的概念已经出现。取用的圆周率 $\pi = 3.1605$。计算平截头正方锥体体积的公式与现代一致。修金字塔的大量石块，经过周密计算，严格按照规定的尺寸和形状加工，其中用到较高深的数学知识。

古埃及人采用太阳历。在尼罗河三角洲，当人们看到天狼星与太阳同时在地平线上升起时，汛期就要到来。这一天定为一年之始。一年分三季，每季4个月，每个月30天，年终加5天，则一年为365天。考古工作者在埃及古墓中发现了一些星图。

总的来看，对于古代印度、巴比伦、阿拉伯、埃及等地的科学技术情况，世人的了解还比较少。

延伸阅读

1. 季羡林．糖史．季羡林全集（第19卷）．北京：外语教学与研究出版社，2010.

2. 蚁垤．罗摩衍那．季羡林译．季羡林全集（第22卷）．北京：外语教学与研究出版社，2010.

3. 路德维希．尼罗河：生命之河．石云龙译．北京：国际文化出版公司，2003.

4. 哈桑，希尔．伊斯兰技术简史．梁波等译．北京：科学出版社，2010.

思考题

1. 简述古印度科学技术的成就。
2. 简述古代两河流域的科学技术情况。
3. 如何认识古代阿拉伯的科学技术？
4. 如何评价古代埃及的科学技术？
5. 古代中国、印度、两河流域、阿拉伯、埃及在科学技术方面有着怎样的相互影响？

第三章　古代欧美科学技术

找到谬误要比找到真理容易得多。谬误浮在表面，一下子就可以找到它；真理藏在深处，不是每个人都能找到的。

——歌德

每个人都希望有真理在他那一边，但并不是每个人都诚恳地愿意站在真理那一边。

——爱默生

第一节　古希腊科学技术

古希腊主要包括巴尔干半岛南部、爱琴海诸岛和小亚细亚西岸。约在公元前3000年，克里特岛一带出现爱琴文化。公元前2100—前1380年，克里特岛建立起奴隶制国家，称为米诺斯王朝。公元前9—前8世纪（约荷马时代），大批奴隶制城邦国家在东西地中海和黑海沿岸修筑殖民城市。公元前334—前325年，马其顿国王亚历山大率希腊人和马其顿人摧毁了波斯帝国，建立亚历山大帝国。亚历山大死后，其部下托勒密继位，以亚历山大城为中心，控制了埃及和东地中海地区。于是，古希腊文化中心从本土的雅典转移到亚历山大城。托勒密一世创立缪斯学院，将亚历山大城建成当时世界上规模最大、人才最集中的科学文化中心。公元前146年，希腊毁灭。公元前30年，托勒密王朝被罗马人毁灭，标志着古希腊历史的终结。

一、农业、手工业与建筑技术

色诺芬（Xenophon，前430—前354）在《经济论》中，借他的老师苏格拉底（Socrates，前469—前399）之口指出，农业是国民赖以生存的基础。克里特岛的早期农业，属于西亚农业延伸的结果。公元前1500年左右，那里出现了犁耕农业。荷马时代（前9—前8世纪），铁农具逐步得以推广，施肥、灌溉技术得到较多利用。荷马史诗不止一次提到灌溉，且其极力渲染的马战，反映出养马业相当发达。赫西俄德（Hesiod，前 8 世纪）的《工作与时日》记载，耕田要用两头都是 9 岁的耕牛；夏季山羊最肥，葡萄酒最甜。古希腊人以肉类和乳类为主要食物来源，粮食自给率较低。奴隶制城邦兴盛时期，人们利用便宜的水运交通条件大量进口谷物；油橄榄和葡萄种植很多，以便加工成橄榄油和葡萄酒出售，换回谷物。古希腊没能留下一部完整的农书，此事颇有蹊跷，亦令人遗憾。

古希腊的铜铁冶炼技术来源于西亚。公元前 3000 年左右，克里特岛出现金石器混用的局面：青铜用以打造兵器，黄金用以作为装饰。约 400 年后，希腊半岛出现铜器。公元前 1900 年，希腊半岛开始应用青铜器。米诺斯王朝时期，青铜冶炼技术已达到较高水平。当地铜矿资源甚少，需依赖矿石进口。出土文物（铁制指环、纽扣等）显示，公元前 16—前 12 世纪，希腊有铁器应用。公元前 9—前 6 世纪，希腊的冶铁业发展成为重要的手工业部门，铁器取代了青铜器的地位。荷马史诗涉及冶铁的淬火技术。冶铁焊接技术、锻铁渗碳炼钢技术也被掌握。铁矿的大力开采和冶炼，成为古希腊城邦繁荣的标志。金银饰物制作工艺，在米诺斯王朝时期就达到较高水平。雅典城邦通过开采银矿获得巨大利益，借以装备称雄地中海的舰队。除了金属冶炼外，雅典的手工业还有食品加工、制陶、制革、造船和家具生产等，特别是榨油、酿酒业的兴盛，与陶制容器加工密切相关。公元前 2000 年左右，克里特的陶工开始应用陶轮，并能制作彩陶。公元前 5 世纪，古希腊已能制造载重 250 吨的商用帆船和帆桨并用的战船。有的战船设两三层桨座，可利用较多桨手之力。古希腊舰队之所以曾经称雄地中海，其重大技术因素之一就是先进的造船业。

古希腊的建筑技术也很有名气。公元前 20 世纪左右，克里特的城堡和宫殿建筑已形成很大的规模。公元前 18—前 14 世纪重建的克诺索斯宫，占地约 16 000 平方米。它是木砖结构的楼房，装饰华丽。泥砖经过烧制，木楼为两三层。至今尚有残迹的雅典卫城，建于公元前 5 世纪。城内的巴特农神庙，是古希腊全盛时期的建筑代表。它用白色大理石砌成，上层面积为 2 148.09（30.89×69.54）平方米，四周竖立 46 根 10.4 米高的圆柱，檐壁有精美的雕刻。亚历山大城建筑雄伟，长约 5 公里，宽约 1.6 公里。城内的中央大道，南北向与东西向交叉，宽 90 米。亚历山大港口有座灯塔，建于公元前 279 年。塔高 120 米，顶上安装金属反射镜，船上的人在 60 公里远处就能看到灯塔。公元前 530 年，建筑师欧帕利努斯（Eupalinus）主持水利工程，挖出一条过山隧道作渠，长达半英里。

二、医学与生物学

古希腊的医学最初由祭司掌握，大约在公元前 5 世纪才开始出现职业医生。毕达哥拉斯（Pythagoras，前 572—前 497）学派的阿尔克芒（Alcmaeon，前 6 世纪—前 5 世纪），可能是古希腊最早研究人体解剖的医生。他认为，人体是大宇宙缩影而成的小宇宙。据传，他发现了视觉神经和联系耳嘴的欧氏管，并认识到大脑是感觉与思维的器官。恩培多克勒（Empedocles，约前 495—前 435）也受到毕达哥拉斯学派的影响。他认为，心脏是血管系统的中心和生命的中枢。这一看法为亚里士多德（Aristotle，前 384—前 322）所赞同。希波克拉底（Hippocrates，前 460—前 377）是古希腊最有名的医生，被后人誉为“医学之父”。传说他早年到过埃及，研究过埃及第一位医学名家伊姆霍特普的著作，并在科斯岛创立了符合理性的医科学校。他认为，疾病与鬼神无关，而是一种身体现象，是生命液不平衡造成的。他创立的“四体液说”指出：人体的生理取决于黑胆液、黄胆液、血液和黏液的状况，若四体液调和，则身体健康，否则就生病。他所作的临床记录现存 42 件，可能是历史上最早的记录。其传世医学著作 60 篇，被后人编为《希波克拉底文集》。赫罗菲拉斯（Herophilus，前 329—?）是亚历山大城的名医，对一些死刑囚犯做过活体解剖，并最早区别动脉和静脉，将肠子的第一段命名为十二指肠。他论述神经、眼睛、肝脏及其他器官，并研究生殖系统。埃拉西斯特拉塔进一步推动解剖学并率先将生理学独立化。他了解人体动脉和静脉的分布情况，直至肉眼能看到的微血管。他注意研究大脑，并将大脑区分为大脑、小脑两部分。古希腊医学解剖学为近现代西方医学奠定了极为重要的基础。

古希腊很多学者关注生物学。例如，阿那克西曼德（Anaximander，前 610—前 545）认为，生物源自太阳蒸发形成的湿元素，而人的祖先是鱼。恩培多克勒猜想，最初，土里长出许多没有脖子的头，没有肩的胳膊，游荡着的眼睛。爱神和憎神交手，使那些肢体部件结合，生出许多动物。有的动物长着两张脸，两个胸膛，上半截是人，下半截是牛；有的动物长着人身牛头，半男半女，不能生育。后来，不能适应环境、不能生育的动物被淘汰，而人类和一些动物留下了。这种带有科幻色彩的想象，包含着生物进化思想的胚芽。古希腊最博学的亚里士多德，约有三分之一的作品涉及生物学。他记有 500 多种动物，亲自解剖过 50 种以上的动物。他是生物分类学的鼻祖，认为从无生命界到动物界存在着一个渐进的过程。亚里士多德去世后，他的学生塞奥弗拉斯特（Theophrastus，前 371—前 286）主持吕克昂学园 30 多年，并继续在生物分类学方面进行研究。

三、数学

古希腊很多学派有重视数学的传统。传说柏拉图（Plato，427—347）学园大门口挂着一幅标语："不懂几何学者不得入内。"柏拉图给点下过定义：点是直线的开端，点是不可分割的线。柏拉图学派研究数学时，撇开了单纯实用的观点，着力寻求数理逻辑的严密和思维的完美。米利都派的泰勒斯（Thales，前624—前547或前546）被后人称为"科学之父"。他证明并提出了很多几何学定理，如直径平分圆周、两直线相交对顶角相等半圆内接三角形为直角三角形、相似三角形的对应边成比例等。他利用几何学上影子和实物长度的比例关系，实地测量了金字塔的高度。公元前6世纪，毕达哥拉斯学派首先证明了毕达哥拉斯定理。该学派研究几何学与大自然的同一性，首创几何学的基本理论——面积贴合法理论，奠定了穷竭法的基础，而穷竭法与近代微积分数学有相通之处。贴合法促成了无理数$\sqrt{2}$的发现，这对数理逻辑和哲学产生了深远的影响。欧几里得（Euclid，前330—前275）几何学关于平行线、三角形、多边形、圆、球和正多面体的很多定理，都和毕达哥拉斯学派的研究成果相关。公元前5世纪，智者派提出几何作图的三个著名难题：①化圆为方难题，即只用圆规和直尺作一正方形，使其面积等于一已知圆的面积；②倍立方难题，即作一立方体，使其体积等于一已知立方体的体积；③三分角难题，即三等分任意角。这些难题训练了很多人的思维。欧多克斯（Eudoxus，前408—前355）研究了大量无理数，定义了两个量之比等于另两个量之比的比例关系，还完成了计算曲边形体积和曲面体体积的方法，推动了穷竭法的研究。他的学生美尼克谟发现了圆锥曲线。

在亚历山大时期，古希腊出现了三大数学家，即欧几里得、阿基米德（Archimedes，前287—前212）和阿波罗尼乌斯（Appollonius，前262—前190）。据推测，欧几里得早年曾在雅典受过教育，熟悉柏拉图几何学。公元前300年左右，他到亚历山大从事教学和研究工作。他告诫说："学几何无坦途。"其《几何原本》13卷，属于世界上最早的公理化数学名著。该书内容虽然独创不多，但采用了严密的演绎方法，将建立于公理之上的初等几何学知识组织成完整的体系。直到19世纪之前，《几何原本》长期作为欧洲数学的基本教材被广泛使用。在构思方法上，牛顿《自然哲学的数学原理》同该书很相似。《几何原本》传入中国后，其中前6卷在明代由徐光启、利玛窦合译，后7卷在清代由李善兰、维力亚力合译。阿基米德有良好的家学渊源

——他的父亲是天文学家和数学家。阿基米德 11 岁时，被送到“智慧之都”亚历山大城学习。他曾师从欧几里得的学生卡农，着重研究一些复杂形体的面积和体积，如球体的面积、体积与其外切圆柱的面积、体积之比，求抛物线所围面积和体积，求阿基米德螺线所围面积等。具有数学史料价值的是，阿基米德《方法论》 （1906 年发现的羊皮纸手稿）表明，德谟克利特（Demoncritus，约前 460—前 370）首先求出了锥体圆锥体体积。阿基米德继承前人研究抽象数学的方法，并使数学研究和实际应用结合起来（例如，他成功地将数学应用到力学中），这在科学发展史上有重大意义。据克莱因《古今数学思想》，阿波罗尼乌斯《圆锥曲线论》（8 卷）是古希腊几何的登峰造极之作。阿波罗尼乌斯以一个平面按不同角度与圆锥相交，分别得出抛物线、椭圆、双曲线，并弄清双曲线有两个分支。他给出了圆锥曲线的定义，并说明了如何求圆锥曲线的直径、有心圆锥曲线的中心、抛物线和有心圆锥曲线的轴，如何作圆锥曲线图，并讨论了双曲线的渐近线、共轭双曲线、有心圆锥曲线焦点的性质等。

四、天文学与地理学

古希腊学者在天文学方面形成百家争鸣的局面，其中著名的有米利都派的观点、毕达哥拉斯派的观点、恩培多克勒和阿那克萨戈拉（Anaxagoras，前 488—前 428）的观点、留基伯（Leukippos，前 500—前 440）的漩涡说、欧多克斯（Eudoxus）等人的地心说、赫拉克雷迪斯（Heracleides，前 388—前 315）等人的日心说。米利都派的代表人物是泰勒斯、阿那克西曼德和阿那克西美尼（Anaximenes，前 570—前 526）。泰勒斯是古希腊第一个享有世界声誉的学者，成功地预报过公元前 585 年 5 月 28 日的日全食。阿那克西曼德认为，地在空中，没有东西支撑；太阳是一团纯粹的火；月亮自身不发光，而是反射太阳光。阿那克西美尼认为，天体固定在某种实体上，因受到凝聚的坚固空气的推动而在轨道上循环，环绕大地运动。毕达哥拉斯学派从数的观点出发，猜测天体的数目必为十个。当时人们只知道水、金、木、火、土、日、月、地球、恒星这九大天体，所以毕达哥拉斯学派设想出一个“对地”天体。他们认为，圆是最完美的平面图形，圆球星是最完美的立体形状，所以宇宙必定是球形的，这是对宇宙整体模型的最早构想。恩培多克勒认为，太阳经过月亮时，月亮遮蔽了太阳光，在地上投下月亮那么大的黑影，这是对日食原因的最早说明。阿那克萨戈拉认为，银河是远处很多星星发出的光，月亮上有山有谷。他猜想天体是这样形成的：最初，宇宙间出现以太和空气，以太结为星辰，空气凝成大地；大地加速旋转，石块抛向空中；宇宙大漩涡吸引石块，给以燃烧的热力。留基伯认为，最先，原子在空中结合，形成独一无二的大漩涡，并在漩涡中冲撞、旋转，彼此分开。相似物体聚到一起，轻物体抛到外层虚空，重物体在中心形成球形，其中产生星辰。虚空无限，世界无限。世界有生有灭，宇宙永世长存。

古希腊天文学界关于宇宙结构的认识，大体形成两派：多数派的地心说和少数派的非地心说。非地心说的代表人物是菲洛劳斯（Philolaus，前470—前385）和阿里斯塔克斯（Aristarchus，前310—前230），他们分别提出了中心火团说和太阳中心说。地心说的早期代表是柏拉图的两个学生：欧多克斯和亚里士多德。后来，古希腊成就最大的天文学家伊巴谷（Hipparkhos，一译喜帕卡斯，前190—前120）发展了地心说。欧多克斯建立了天文学史上第一个宇宙几何模型，即以地球为中心的壳层球模型：地球是宇宙的中心，日、月、水、金、木、火、土和恒星分别附在同心的球形壳层上，围绕地球旋转。在欧多克斯的基础上，阿波罗尼乌斯提出了本轮—均轮模型。伊巴谷通过数十年的天象观测和精密构思，改造了这一模型。他抛弃同心球假说，仍将地球作为宇宙的中心。他设想，天体沿着各自的本轮作匀速圆周运动，本轮的中心沿着各自的均轮，以地球为中心作匀速圆周运动。他创制和改进了许多观测仪器，在西方天文学史上首次编制了巨大的星表，包括恒星850颗。他最早发现岁差，并确定每年岁差为36秒（每100年差1°）。按他的测定，一回归年为365.246 7日（今测为365.242 2日），一朔望月为29.530 6日，月球半径与地球半径之比为1∶3（今测为27∶100），月、地距离和地球半径之比值为67.74（今为60.4）。他采用的天文研究方法与近代的相似。赫拉克雷迪斯首先提出地球自转问题。他认为，天体运转，不是围绕所谓中心火团那样的神秘东西，而是围绕着一个实体太阳。日心说起源于此，并由阿里斯塔克加以申论，到哥白尼去世后大放光彩。阿里斯塔克提出，包括地球在内的一切行星，都绕太阳运转；地球每天自转一周，但太阳和其他恒星不动。斯多葛派学者克立安锡斯控告阿里斯塔克犯了渎神罪，要求将他处死。阿基米德认为，地球是圆球状，并围绕太阳转动。西留库斯（Seleucus，前190—前125）也支持阿里斯塔克的观点。公元前432年，梅顿（Meton，前440—?）发现，235个太阴（月球）月正好是19年。在19年中，若将12年设定为每年12个太阴月，其他7年设定为每年13个太阴月，那么，阴历与四季正相配合。这就是梅顿周期。古希腊的历书以之为基础，每隔19年为一轮回。埃拉托色尼（Eratosthenes，前276—前196）建议用每四年闰一天的方法，使埃及的阳历与四季一致。他测定了地轴和太阳在天空显示的运动平面三角度，即黄赤交角度。他绘制的星象图内含675颗星。

在地理学方面，相传阿那克西曼德绘制过一幅《爱奥尼亚地图》。“地理学之父”赫卡泰（Hecatee，前540—前480）所著《旅行记》，被誉为地理百科全书。埃拉托色尼曾任亚历山大图书馆馆长，著有《对地球大小的修正》、《地理概述》等。他绘制有人居住的世界地图，首次使用经纬网格标注方位，记载许多地方的地形、气候、矿产等。

五、物理学

亚里士多德有一著作名为《物理学》。若按现代学科分类，这本著作应放到哲学书架上。虽然如此，但包括亚里士多德在内的很多古希腊学者对物理学问题确有不少研究。例如，泰勒斯认为，磁石能吸铁，是因为有灵魂。阿那克西曼德指出，风是空气流动造成的。阿那克西美尼仔细考察过虹的产生。毕达哥拉斯学派发现，音乐的和谐，要求弦长须是简单的整数比。这类认识，使毕达哥拉斯被称为西方音乐理论的始祖。德谟克利特被后人誉为古代的达·芬奇，又被马克思、恩格斯称为经验的自然科学家和希腊人中第一个百科全书式的学者。遗憾的是，德谟克利特的很多著作都失传了。据后人所引资料，在物理学方面，他认为物体的颜色并不是本身存在的，而是由于原子方向的变化。亚里士多德认为，月亮以下，世上的物质都有重者向下、轻者向上的自然运动，要改变这种运动须有外力作用；物体的运动与其作用力成正比，与其阻力成反比。欧几里得所撰《光学》《论镜》，是历史上最早的光学著作。他通过很多光学实验，弄清了入射角、反射角和光的反射定律，还研究过凹面镜、凸面镜的反射现象。

阿基米德是古希腊最杰出的物理学家，被后人推为“力学之父”。他在力学方面很有研究，发明了诸多机械，包括生产工具和武器，并发现了杠杆原理和浮力定律。对杠杆原理，他率先进行了严格的逻辑证明，并给出了明确的数学表达式。他找到了正确的方法，可以求任意物体的重心。阿基米德在洗澡时发现浮力定律并用以判断皇冠含金量的传奇故事，最早见于古罗马学者波利俄的《建筑学》，此后不胫而走，广为人知。阿基米德撰《论浮体》一书，专门论述浮力定律（流体力学的基本定律）。该定律的发现过程足以证明，灵感和机遇偏爱准备充分的头脑。实际上，早在发现这一定律之前，阿基米德就广泛而仔细地研究过不同形状物体的浮沉条件和稳定性，并将力学现象与数理逻辑结合起来进行了很长时间的思考。在亚历山大学习期间，阿基米德发明了螺旋提水器。在尼罗河两岸的农业生产中，埃及农民长期使用这种引水工具。在抗击罗马军队入侵叙拉古城的战斗中，阿基米德设计制造的投石机、铁爪式起重机和巨型凹镜，都展示了相当大的技术威力。后来，叙拉古人过节醉酒，给罗马军队创造了偷袭破城的机会。75岁的阿基米德正在做实验时，被罗马士兵杀害了。这是历史上最有名的悲剧之一。

六、自然哲学与科学方法

在古希腊时代，自然科学与哲学交织在一起。恩格斯指出："最早的希腊哲学家同时也是自然科学家。"① 古希腊科学之所以能达到全世界奴隶制社会的高峰，至少取决于两个重要条件：一者，古希腊地理位置优越，它临近古埃及和西亚两河流域古文明地区，与外界交流频繁，因此，古希腊人眼界开阔，思想开放；二者，各城邦具有独立性，没有统一的祭司阶层，没有必须遵守的统一教条，没有整齐划一的思想禁锢，学者们相互之间有错综复杂的思想斗争。这些因素，有利于形成不同的学术流派，有利于学术的自由讨论和发展。

1. 对于世界的本原和物质结构问题，古希腊学者展开激烈的争论

其中影响较大的观点，分别来自米利都学派、毕达哥拉斯学派、赫拉克利特、恩培多克勒、阿那克萨哥拉、留基伯和德谟克利特、亚里士多德。泰勒斯生于米利都，被称为古希腊哲学家的鼻祖。他否认神是世界的创造者，主张从自然现象中去寻求真理。他认为，水是万物的本原，万物由水变化而成，最后复归于水。水沉淀成泥，泥干则成土，土稀薄则化为气，气加热则变成火。万物源于水，是宇宙成因的一元说。阿那克西曼德是泰勒斯的学生，认为万物的本原是"无定形"或"无限者"。阿那克西美尼是阿那克西曼德的学生，认为宇宙万物本源于物质性的、无定形的气。气在大小上无定形，但在性质上是确定的。毕达哥拉斯学派是具有学术性、宗教性、政治性的团体，在天文学、数学、物理学等方面都有杰出贡献。相传，毕达哥拉斯生于撒摩斯岛（今土耳其境内），曾游学于两河流域、古埃及和印度，后来在意大利南部的克罗托那建立秘密组织。毕达哥拉斯学派门徒众多，存在时间很长，约有两个世纪。"哲学家"一词，属于毕达哥拉斯的首创。毕达哥拉斯认为，万物的本原是数，而数超越任何一种确定的东西，为任何事物所共有，同时是一种确定无疑的东西。数的本原就是万物的本原，数目的元素就是万物的

---

① 中共中央编译局．马克思恩格斯全集（第20卷）．北京：人民出版社，1971.526.

元素。数还是对万物存在的性质和状态的描写。毕达哥拉斯将人们周围的一切叫做有秩序的宇宙，并将秩序和数联系起来，这有助于启发人们用量化方法去解释自然界的规律。毕达哥拉斯的学生齐诺弗尼斯猜测，土可能是宇宙万物的基本要素。他注意到，山顶上有时能发现贝壳。他据此指出，地球的外貌随岁月的流逝而发生变化。

赫拉克利特被列宁称为辩证法的奠基者之一。他沿着米利都学派的思路，试图从具体物质中寻找万物的本原。他认为，这种物质是火。火比水活泼，比气稳定。世界对于一切存在物都是一样的，这些存在物不是任何神、任何人创造的。过去、现在和未来，世界都是永恒的活火，在一定的分寸上燃烧，在一定的分寸上熄灭。万物由于火这种元素的变化而产生。他将客观世界看作一个不断产生、不断消灭的永恒的运动过程。恩培多克勒综合泰勒斯、阿那克西美尼、齐诺弗尼斯（Xenophanes，前570—前480）与赫拉克利特的观点，提出万物起源“四根说”。他认为，万物是由水、火、土、气生化而产生。四根不是产生出来的，在灭亡中也没有终止，而只是混合物与混合物的交换。除了四种元素外，世界上再也没有别的东西。四根生化万物说，既涉及事物的本原，也包含了物质的结构。阿那克萨戈拉认为，万物都可以被无限分割。在小的东西里面，没有最小的，总有更小的。存在物绝不会因为被分割而不复存在。这里，他触及无限小的概念。被分割成无限小的东西，他称之为“种子”。种子的数量是无限的，种类也非常多。宇宙是无限的，种子也是无限的，充满整个宇宙。宇宙中没有虚空，无中不能生有。所谓事物的产生和消灭，是用词不当。“产生”应说成“混合”，“消灭”应说成“分离”。这是因为：没有什么东西产生和消灭，有的仅仅是混合或与已有的东西分离。阿那克萨戈拉的说法不是简单地玩弄文字游戏，其中蕴含着物质不灭、物质守恒的思想萌芽。

留基伯与德谟克利特是师生关系。留基伯认为，宇宙是无限的，其中一部分是充满的，另一部分是空虚的。充满和空虚都是元素，它们构成无数的世界，而世界又可以分解为元素。他提出了原子的概念，认为原子的形状无限多。原子的实质是致密的、充满的，叫做“存在者”；原子在其中运动的虚空叫做“不存在者”，它与“存在者”都具有实在性。师生俩认为，万物起源于原子和虚空，原子是不可再分割的物质粒子。德谟克利特指出，原子没有质的区别，只有大小的不同、形状的差异。原子以不同的秩序和位置结合起来，产生万物。组成火、水、气、土等复合物的，都是某些原子的集合物。原子坚固，既不能被破坏，也不能被改变。无限的宇宙，包含着无数的原子和无限的虚空。原子是所有实体的构成物，虚空是原子运动的场所。原子是绝对的充满，其中没有任何空隙；虚空是绝对的虚空，其中不包含任何物质。原子和虚空都是绝对必要的，两者并存才能构成万物。无数的原子永远在无限的虚空中朝各个方向运动着，相互冲击，形成漩涡，产生无数的世界。伊壁鸠鲁（Epicurus，前341—前270）认为，原子是不可分的坚固实体，原子和虚空是永恒的。原子不仅有形状、大小的区别，还有质量的不同。原子不是有各种各样的大小，而只是有某些不同的大小。伊壁鸠鲁思想中的辩证法因素，引起了马克思的注意。马克思的博士论文题目是“德谟克利特的自然哲学与伊壁鸠鲁的自然哲学的区别”。留基伯等人的原子论是古希腊自然哲学中的重要成果之一，在科学思想和方法上对后世产生了很大影响。

亚里士多德是古希腊伟大的哲学家，在科学上也很有成就。他生于马其顿富拉基亚的斯塔基拉，年轻时被送到雅典，师从柏拉图。亚里士多德有句名言：“吾爱吾师，吾更爱真理。”亚历山大三世做太子时，亚里士多德担任他的老师达七年之久。亚历山大三世即位后，亚里士多德回到雅典，于公元前335年在雅典建立吕克昂学院，广招门徒，创立逍遥学派。亚里士多德凭借他同亚历山大三世特殊的师生关系，获得了极其优越的教学和科研条件。他的学生、助手多达上千名，遍布西亚和希腊各地，为他的科学研究提供资料。他致力于科学知识的收集、整理、分类和比较研究，涉及生物学、天文学、数学、物理学、自然哲学等领域，因而被称为历史上最为广博的学者之一。公元前323年，亚历山大三世在巴比伦去世，亚里士多德失去庇护，遭到反对派的攻击，只身逃到母亲的故乡卡尔息斯避难。他搜集的大量书籍、标本和自己撰写的书稿，都遭受了严重损失。据第欧根尼·拉尔修《著名哲学家传》保存的目录所载，亚里士多德的著作有164种。但是，今人能见到的仅有47种。苗力田主持的汉译本《亚里士多德全集》总计十卷。按亚里士多德的意图，哲学的任务就是研究原因，明白每一事物为什么是这样或那样。所有事物都有四方面的原因，即质料因、形式因、动力因和目的因。这就是著名的四因说。例如，对于一座房子来说，砖瓦木石等建筑材料是质料因，建筑材料的构成样式是形式因，建筑材料成为房子所需要的外力作用是动力因，房子修成后所满足的某种需要是目的因。人们弄清了事物的四因，就等于认识了该事物。在四因中，形式因和目的因最重要。四因说用来解释人为干预的事物时有一定的意义，但用来分析自然存在的事物时就难以说通。例如，植物长叶子、燕子做窝、蜘蛛结网等，很难说有明确的目的。四因说若应用到无机界，其局限则更大。例如，重物下落，空气上升，其目的也说不清楚。目的论，特别是主观性的目的论，很可能掩盖人们对事物客观规律的追求和遵循，人为地阻挡探索“为什么”的道路。亚里士多德反对原子论，并否认虚空的存在。他接受毕达哥拉斯的观点，认为天地受两个不同体系的自然规律支配。他区分了两个世界：月亮以下的世界（主要是地球）和月亮以上的世界（包括太阳和其他行星）。他认为地球上的东西都是可变的、污浊的，天上的一切都是永恒不变的；月亮以下的世界由水、火、土、气四元素组成，这些元素因冷暖、干湿的变化而变化，并组合成物质；月亮以上的世界都由“以太”组成。亚里士多德认为，以太不包含任何对立面，也没有任何变化。亚里士多德用直观、臆测和推理建立起庞大的知识体系，试图构造一幅严整的宇宙画面。他在生物学方面成就巨大，但在物理学方面谬误较多。他率先提出了比较严密的科学论证方法，创立了逻辑学理论体系（其中包括著名的三段论），在科学思想史上具有极其突出的地位。

2. 在运动观和辩证法思想方面，诸家学派的学者们展开了广泛的探讨

对此，米利都派、毕达哥拉斯派、赫拉克利特、爱利亚派、留基伯和伊壁鸠鲁、亚里士多德都有论述。阿那克西曼德最早将对立的思想（辩证法思想）引入自然哲学。他认为，无定形存在着冷热、干湿等对立因素。冷和热的对立是万物变化的原因。冷产生浓缩、凝聚作用，热产生稀释、松弛作用，进而形成各种实体。毕达哥拉斯学派发展了对立统一的思想，列举了有限与无限、奇和偶、一和多、阴和阳、动和静、直和曲、正方和长方等多个对立面。该学派认为，地球上的干湿、冷热相等，热占优势时为夏天，冷占优势时为冬天，干占优势时为秋天，湿占优势时为多雾的春天。对立面的消长变化，是事物性质的决定性因素。赫拉克利特认为，结合物是既完整又不完整，既协调又不协调，既和谐又不和谐的，从一切产生出一，从一产生出一切。相反的东西结合在一起，不同的音调构成最美的和谐，一切都是通过斗争产生的。万物服从于命运（必然性），万物的运动变化具有一定的规律性。万物永不停息地变化是理所当然的，人不能两次踏进同一条河流。恩格斯《反杜林论》指出：“当我们深思熟虑地考察自然界或人类历史或我们自己的精神活动的时候，首先呈现在我们眼前的，是一幅由种种联系和相互作用无穷无尽地交织起来的画面……这种原始的、素朴的、但实质上正确的世界观是古希腊哲学的世界观，而且是由赫拉克利特最先明白地表述出来的：一切都存在而又不存在，因为一切都在流动，都在不断地变化，不断地生成和消逝。”①据此可知，赫拉克利特的观点启发了恩格斯的思想。

---

① 中共中央编译局．马克思恩格斯选集（第3卷）．北京：人民出版社，1995. 359.

爱利亚派的代表巴门尼德（Parmenides，前520—前445）摆脱一切都在变化的具体事物，概括出高度抽象的概念——存在。他认为，存在才是事物的本质和哲学研究的对象。智者派的代表芝诺（Zeno）善于诡辩。为了论证运动的不真实性，他提出了一些与常识不同的悖论。其中之一是：阿基里斯追不上乌龟。阿基里斯是古希腊的善跑健将，怎么会追不上乌龟呢？假设阿基里斯奔跑的速度是乌龟爬行速度的十倍，乌龟先起跑十码，结果阿基里斯永远追不上乌龟。其理由是，他跑十码时，乌龟爬行一码；当他再跑一码时，乌龟又爬行十分之一码。如此推论下去，阿基里斯和乌龟之间永远存在距离，所以阿基里斯追不上它。这个悖论看似荒谬，实则以假设条件限制思路，对训练人们的思维有所助益。留基伯等学者认为，永恒的运动是原子本身固有的特性。原子自己运动着，同时促使其他一切运动。万事万物都是原子的聚散和运动，一切遵循必然性而产生。留基伯的著作全部亡佚，但通过他人的记载留下了一句名言："没有任何东西是任意的，一切都能说出理由，并遵循必然性。"在此基础上，伊壁鸠鲁提出了偶然性的概念，与之组成一对极其重要的自然哲学范畴。这是因为，科学的基本任务就是通过大量具有偶然性的现象去发现隐藏在其背后的必然性，从偶然性与必然性的结合点上去探索事物运动变化的规律。亚里士多德认为，运动是不可能产生出来的，也不可能停止存在，因为它们必须永远存在。事物之所以运动，是由于有一个外在的第一推动者——神或上帝。这种带有宗教色彩的推测，在西方科学思想史上影响很大。

古希腊自然哲学发达，注重逻辑推理和体系建构，在理论科学方面取得了世所罕见的成果。其科学研究方法，在阿基米德时代达到了古代世界的高峰。观察方法、逻辑方法、数学方法初步形成，实验方法、解剖方法也开始应用，从而为西方近代科学准备了较好的条件。对此，韦尔斯谈道："雅典的作家的确是最早的近代人。他们讨论的题目，我们还在讨论；他们开始为之奋斗的大问题，今天仍然摆在我们的面前……用仔细分析过的言辞和陈述来进行艰苦和有训练的思想的工作是发展近代科学必不可少的准备工作，这项工作是由希腊思想家开始的。"① 从更为长远、稳妥、安全的历史角度来看，古希腊学者思考和揭示出的自然界的辩证图景，作为优良的学术传统（与注重整体思维的中国古代优良学术传统一道），对于近现代科学重视分门别类研究与应用所导致的孤立性、静止性、片面性、极端性的形而上学的错误及其灾难性后果，必然会起到辩证的否定、矫正和补救作用。

① 威尔斯．世界史纲．吴文藻等译．北京：人民出版社，1982. 359～360.

第二节　古罗马科学技术

在意大利半岛，伊达拉里亚人最早建立奴隶制城邦国家。公元前754—前753年，罗慕路斯在台伯河畔修筑罗马城。公元前510年，罗马共和国建立。公元前3世纪初，罗马城邦统一意大利半岛。公元前30年，罗马形成横跨欧亚非三洲的帝国。395年，罗马帝国分裂为东西两部分，分别以君士坦丁堡和罗马为首都。476年，西罗马帝国被奴隶起义军和南下的中欧日耳曼人灭亡。1453年，东罗马帝国（拜占庭帝国）被奥斯曼土耳其人灭亡。

一、农业技术与农学

古罗马文明的发祥地意大利半岛处于南欧地中海中部，境内外交通（特别是水上交通）方便。由于远古地质变迁，意大利半岛富含火山灰，土壤肥沃，适于农业。在伊达拉里城邦时期，古罗马的农业（特别是畜牧业）技术就比较发达，水利事业也已形成相当规模。到罗马城邦统治时期，农业生产进步显著。渠道的修建，水车的应用，使灌溉方法得到改进，灌溉系统逐步形成。农民采用铁制的锄、耙、锹、镰等工具，栽培的主要农作物有小麦、大麦、油橄榄、菜豆、葡萄、紫云英、亚麻、苎麻等。农民很早就知道使用粪肥，以提高土地的生产能力。古罗马农民在打谷场上采用一种特别的打谷板，在板下垫一些石块，将打谷板拉来拉去；加工谷物，先是用石臼，后来发明磨盘，由手磨盘发展到装置杠杆、靠畜力牵引的磨盘。罗马帝国时代，水磨盘在一些地方出现。罗马共和国时期，由于各行省运进低价的谷物，意大利半岛谷物种植减少，占优势的是畜牧业、园艺业、园艺，特别是葡萄种植加工和一些技术作物栽培。轮作休耕制逐步推广，豆科植物和绿肥用以恢复地力。一些农民掌握了沤肥技术和果木嫁接技术。迦太基农民用木板打谷脱粒，这种方法后传入意大利半岛。公元1—2世纪，意大利北部出现了带轮的犁，要用双牛做牵引。有的地方采用割谷机和打谷橇，表现出较高的生产效率。古罗马有三大农书需作介绍：

1.《农业志》

加图（M. P. Cato，前234—前149）所著《农业志》，是古罗马流传下来的最早农书。其汉译本为马香雪、王阁森联手所献，约5万字。《农业志》全书含162个短章，大体可分为五部分（引言和正文的四部分）。引言表述农本思想，赞颂务农是纯洁的职业（其中暗含着一个逻辑结论：其他职业很可能不是那么纯洁），骁勇的战士往往出自勤劳的农家。第一部分为总论（第1—13章），包括农事（特别是作物种植）安排等。第二部分为庄园建设与设备制作（第14—22章），包括房屋、院墙建筑事项，葡萄压榨机、橄榄碾磨机等设备的安装和调整。第三部分为四季农事安排（第23—53章），相当于一份农事历。例如，秋季（第23—36章）主要农事有：葡萄收获、酿酒、饲料种植、积肥、橄榄收获、秋播作业。第四部分为农家日常杂务（第54—162章），包括家禽饲养、饲料加工、牲畜疫病防治、日常饮食制作等内容。

2.《论农业》

瓦罗（Varro，前116—前27）在80岁时所撰《论农业》，有王家绶汉译本，约20万字。其内容较《农业志》充实得多，且有大致完整的编排体系。《论农业》分为3卷：第1卷分69章，主要讲种植业；第2卷分11章，主要谈家畜养殖业，涉及牛、马、猪、羊、骡、狗；第3卷分17章，主要论家禽饲养，涉及鸫鸟、画眉、母鸡、孔雀、珍珠鸡，还有兔子、蜗牛、睡鼠、鱼和蜜蜂。

3.《农业论》

科路美拉（Columlla，生卒年不详，约生活在公元1世纪）所著《农业论》12卷，是古罗马最为系统的农书。该书第1卷为序言，阐述农业与国家、学术的关系，列有古希腊、迦太基和罗马共和国写过农书的学者数十位，这类似于后世学位论文中的学术动态考察；第2卷主要介绍耕种技术，第3—4卷讲葡萄栽培嫁接技术，第5卷主要讲橄榄栽培技术，第6—7卷讲家畜养殖技术，第8卷讲鱼鸟养殖技术，第9章讲养蜂取蜜、制蜡技术，第10章讲园艺技术，第11—12章讲庄园管理经验和食料储藏方法。

二、手工业和建筑业

古罗马的手工业比较发达。罗马城邦时期，冶金、制陶、制革、木工等行业已有较好的基础。罗马帝国接受了古希腊的发明创造，促进了手工业的繁荣。一些地方（特别是城市）发展成为手工业中心。例如，意大利半岛的青铜铸造、制陶、毛织物、玻璃制造业，莱茵河沿岸的冶金和纺织业，都远近闻名。在罗马帝国时期，西班牙地区的铜、金、银、铅、锡等矿物开采，莱茵河与不列颠地区的铁矿开采，都相当兴盛。在罗马境内，很多地区都有榨油和酿酒业。在意大利半岛，公元79年的火山爆发几乎毁灭了盛极一时的庞贝城。后来，考古工作者发掘出许多手工业作坊，含磨面、食品、香料、呢绒、珠宝、石材、铁器、玻璃加工等部门（其中有面包作坊40多个），后人可据此想象当时庞贝城的盛况。古罗马的一些手工业品远销国外，包括中国等地。亚历山大城的赫伦（Heron of Alexandria，公元1世纪）是几何学家、工程师和发明家，有许多著作和发明。他留传下来的著作，主要有《机械学》《压缩空气的理论和应用》等。书中描绘的简单机械有杠杆、滑轮、轮子、螺旋等。他设计制造过虹吸管、滑轮系统、双杠单程鼓风机、里程器等器具和一些精巧的玩具。有一个玩具可称为蒸汽反冲球，其设计是：在一个空心球体上连接两段弯管，只要球体内的水沸腾，所产生的蒸汽就会从管中溢出。由于蒸汽与球体发生作用与反作用，球体会迅速地旋转。金属球利用水蒸气的反冲力而高速旋转，这是最早的蒸汽驱动装置，是近代蒸汽机的雏形。

古罗马在建筑方面，有不少遗址保留下来。例如，其水道建筑工程宏大，至今尚有一些残存。为了解决罗马城的供水问题，公元前4世纪—前2世纪，罗马人修筑了9条水道，总长90多公里。公元97年，他们采用先进的混凝土连拱结构技术，修成186公里长的暗渠。今叙利亚的一处古罗马水道遗址，渡槽高离地面64米。古罗马修建了很多石桥，至今欧洲一些地方还有遗存。其筑路技术高超，形成四通八达的公路网。公路总长约8万公里，其中2万公里在意大利半岛。谚语“条条大路通罗马”，可说明当时筑路业相当发达。公元70—82年修建的古罗马角斗场，是一座庞大的建筑。在那里，来自奴隶的角斗士，或与猛兽搏斗，或与别的角斗士搏斗，为奴隶主阶级提供血腥的欢乐与刺激。角斗场用石料砌成，以坚固著称于世。其平面为椭圆形，长径为188米，短径为156米，四周是看台，外墙高48.5米，有三层拱券支撑廊，可容纳5万~8万观众。公元120—124年修建的万神庙，是古罗马建筑史上的杰作，至今尚存。它呈圆形，直径约43.5米，顶高与直径相同。其正面是气势恢宏的科林斯柱式大门廊，上面有精美的浮雕装饰。

古罗马建筑师维特鲁维奥（Marcus Vitruvius Pollio，？—前20）所著《论建筑》，是世界上第一部建筑学专著。该书总结了古希腊以来的建筑经验，包括基本理论、设计原理、建筑设备、建筑施工、建筑师教育等内容。维特鲁维奥强调，建筑工程应当建立在科学的基础上。他研究了建筑声学，发现声音是空气的振动。弗朗提努担任过罗马水道检察官，撰有工程力学方面的著作。他探讨过流体力学和罗马的供水工程，并从实验中发现，水由管口流出时，水流的速度不但取决于管口的大小，还取决于管口在水下的深度。20世纪前期，韦尔斯写道：罗马在艺术和文学方面“继承了希腊和近亚，巴比伦和埃及所给的一切。但在某方面，罗马世界有它自己明确的推进，没有比建筑更为突出的了……至今意大利人还是世界上最优秀的筑路者”①。到21世纪初，古罗马的建筑科技思想及其艺术风格仍在一些国家和地区有着相当大的影响力。

三、医学与博物学

古罗马注重医学实践，大力发展公共卫生事业，除了用巨大的导水管将净水引入市区外，市内还设有医院，建立公共医疗系统，军队配有医官。较早的名医阿斯克勒皮阿德（Asclepiades）是原子论者。他认为，人体中的原子若处于正常状态，人就是健康的，反之就会得病。治病的关键，是要使人体的毛孔和所有孔道疏通。治疗的主要方法包括运动、淋浴、按摩等。他还精通外科手术。底奥斯可里底斯著《论药材》，涉及500多种植物。盖伦（Glandis Galen，129—199）是古罗马最有名的医学家，曾到很多地方行医，后来成为皇帝奥勒留（Aurelius，121—180）的御医。盖伦综合古希腊医学、解剖学各学派的知识，将其系统化。通过解剖研究猪、狗、羊、猕猴和人体，他在解剖学、医疗学、生理学、病理学有不少新的发现。盖伦研究神经生理学，把神经分为三类：运动神经、感觉神经和混合神经。他拿活体动物做实验，研究了心脏和脊髓。他继承发展了古希腊埃拉西斯特拉塔创立的医学体系，最早对人体生理提出了相对完整的看法，即著名的“三灵气”学说。人的消化系统从食物中摄取营养物质后，将其送往肝脏，在那里将营养物质变成深红色的静脉血。静脉血靠“自然灵气”的推动，经过心脏右侧，循静脉流向全身，然后从原路返回心脏。还有一部分血液在心脏右侧，通过心脏隔膜上的细微孔道，进入心脏左侧。经过这里的血液流经肺而于空气接触，带上“活力灵气”后，转变成鲜红的动脉血。动脉血受到“活力灵气”的推动，循动脉流向全身，也从原路返回心脏。流经大脑的那部分动脉血中的“活力灵气”，在大脑中转变成“灵魂灵气”。这种“灵魂灵气”经由神经系统到全身，从而支配人体各部位的感觉和运动。虽然“三灵气”学说存在臆测和谬误，但在近代解剖学家维萨里和生理学家哈维创立血液循环学说之前，盖伦的“三灵气”学说作为权威，长期被很多医学家所信奉，以致阻碍了生理学的前进之路。

盖伦的医药学著作载有植物药540种、动物药180种、矿物药100种，而

---

① 威尔斯．世界史纲．吴文藻等译．北京：人民出版社，1982. 537.

这些内容又与博物学有所联系。古罗马最著名的博物学家是学术兴趣广泛的老普林尼（Plinius，23 或 24—79）。他的密友维斯帕西安做了罗马皇帝，赋予他重任和权便，使他具有从事学术研究的优越条件。老普林尼共有 7 部著作，但多数亡佚，流传下来的主要是由他自己整理编成的《自然史》（即《博物志》）。该书是一部 37 卷的百科全书式巨著，几乎涵盖了医学、生物学、天文学和宇宙理论、地理学、艺术等所有主要学科领域。其内容大多是从古希腊著作中抄录的，老普林尼很少发表见解。古希腊、古罗马一些被他人遗忘而险遭湮没的作家，也通过该书留下了他们的思想言论。因此，《自然史》具有很高的文献资料价值。公元 79 年，意大利维苏威火山爆发，毁灭了庞贝城和希尔古兰城。时任舰队司令的老普林尼不顾危险，登岸观察。他以暴雨般的火山灰，为自己举行了悲壮的葬礼。

四、数学、天文学等

古罗马主要因为丢番图（Diophantus，246—330）的出现，在世界数学史上占有相当重要的地位。丢番图写过三部数学书，其中一部失传，一部名为《多角形》，还有一部是最为出色的《算术》，堪比欧几里得的《几何原本》。《算术》原有 13 卷，但只留下 6 卷。在代数学方面，丢番图独树一帜，完全脱离几何形式。他对代数方程的解答只取整数，被称为丢番图方程。在解 $Ax^2+C=y^2$，$Bx+C=y^2$ 之类不定方程时，他很少给出一般求解法则，而往往使用特殊解法。德国学者韩克尔认为，近代数学家研究丢番图 100 个数学题后，在解第 101 个题时，仍感困难。欧拉（Euler，1707—1783）、拉格朗日（Lagrange，1736—1813）、高斯（Gauss，1777—1855）等数学名家在解不定方程时，只能另辟蹊径。丢番图率先用字母表示未知数，进行运算，从而打开了符号代数学之门。因此，他被誉为代数学的鼻祖。另外，托勒密（Ptolemaeus，约 90—168）将三角学与天文学结合起来，发展了球面三角定理，并在立体几何方面有不少创获。

在天文学方面，古罗马的贡献主要有两方面。一是历法的修订。凯撒大帝（Caesar，前 102—前 44）依靠索西吉斯（Sosigenes，约 90—?）的技术支持，修订儒略历法，以 365 又四分之一天为一年。后来，儒略历法为奥古斯都历，到 1582 年成为格里高利历。20 世纪 20 年代以后，格里高利历在世界通用。历史表明，儒略历的修订，为后世历法建立了良好的基础。恺撒还派人进行全国土地测量，并将测量结果汇入一幅世界大地图中。二是托勒密创立地心宇宙理论体系。他继承古希腊天文学家伊巴谷的事业，将大量的天文观测结果融入宇宙体系论中。其巨著《天文学大成》13 卷，综合古希腊以来的天文学成果，提出天体运动均轮—本轮的数学模式，论证地球处于宇宙中心静止不动的观点。该书确立的地心宇宙理论体系被称为托勒密体系，统治西方天文学达1 300多年。

在地理学方面，托勒密著《地理学》8卷，主张地理学和天文学应结合起来，绘制地图要依据经纬度。该书对欧洲、亚洲、非洲的8 000多个地点，均用经纬度标明了地理位置。

在物理学方面，托勒密著有《光学》一书，论述了光的折射原理。

五、自然哲学

古罗马的自然哲学，以卢克莱修（Lucretius，前99—前55）的成就为代表。他作长诗《物性论》，将古希腊的原子论系统化，将其推向了古代自然哲学的高峰。此诗被完整保存了下来，详细阐述了伊壁鸠鲁的机械论宇宙观，点评了古希腊很多自然哲学家的看法。诗人通过日常观察，体悟到科学原理。例如：

衣裳挂在白浪拍岸的海边慢慢就变湿，
湿了的衣服晒在太阳底下又会变干；
但是没有人看见湿气如何侵入衣裳，
也无人看见它如何被阳光赶走。
可见湿气是分散的许许多多的小点，
小得眼睛看不见。①

诗中认为，一切东西，包括思想、灵魂和神，都是由原子构成的，因果性原理支配着万事万物。原子既不能产生，也不能消灭。宇宙是缓慢进化到目下状态的。运动是守恒的，运动是物的本性。虚空可以存在，而在虚空中，重物和轻物下落速度相同。无论时间还是空间，都是物存在的特性；没有离开物的时间和空间，物也只能存在于时间和空间中。丹皮尔指出："古希腊的原子论在卢克莱修的长诗《物性论》中得到了阐释和真赞美。"② 卢克莱修作为古代原子论的集大成者，通过原子论建构起一幅完整的世界图景。他还触及适者生存的自然选择原理。稍晚于卢克莱修的老普林尼认为，自然界是为了人而存在的，其中的一切都是神的安排。和老普林尼一样，很多科学家、哲学家都在心中为神留下了相应的龛位。这类现象不可简单处理，需慎重对待。

---

① 卢克莱修．物性论．方书春译．北京：商务印书馆，1999. 17.

② W. C. 丹皮尔．科学史．李珩译．北京：商务印书馆，1975. 100.

第三节　欧洲中世纪科学技术

欧洲中世纪可以从476年西罗马帝国灭亡算起，到1492年哥伦布发现美洲大陆之前截止。西罗马帝国灭亡后，西欧、南欧分裂成一些封建性的小国。那里的人民不仅要遭受封建王室、贵族的统治，还处于基督教的高压之下，这是中世纪最主要的政治文化特点。基督教的创始人耶稣本是公元前后犹太国一个普通的教师，宣传上帝救世、人人皆兄弟的主张。325年，基督教被定为罗马帝国的国教。此后，基督教原初的教义精神遭到背叛。8世纪时，罗马教皇控制了欧洲世俗社会的最高权力。1095—1291年，以基督教圣战为遮羞布的8次十字军东征，反复祸害了地中海以东地区，也给欧洲社会注入了强心剂。欧洲人重新认识到古希腊文化的价值，开始逐步打破中世纪的格局。

一、农业与手工业技术

欧洲中世纪的农业获得较大发展。在农具方面，带有两个轮子的铁犁逐渐普及。犁壁的发明，挽具的改良，提高了畜耕的效率。欧洲北部广袤的冲积平原，土壤肥沃而湿润。采用重犁深耕，一架犁套上两头、四头甚至八头牛共同牵引。一些农民用大型钐镰刈草。种植业推广三圃轮作制，就是将耕地分为三部分，第一年种小麦，第二年种大麦或豆类，第三年休耕，培养地力。这样轮流种植，有助于实现耕地用养结合的目的。十字军东征对欧洲农业产生了一个附带效应，使欧洲人较多地了解到东方农业技术，引种水稻、甘蔗、棉花等作物。南欧一些地方还种上了柑橘等亚热带水果。欧洲部分地方扩大了良种绵羊养殖。中世纪时代，围海造田技术在一些国家（如荷兰等）得到大力应用。

欧洲原来一些繁荣的手工业城镇，在中世纪初期变成废墟。城镇里的土地被改作农田，或辟为果园。十字军东征后，农业生产恢复，扩大了手工业原料和商品市场。东方国家的手工业技术相继传入欧洲，促进了一些城镇的兴盛。例如，11世纪时，意大利的威尼斯、热那亚和佛罗伦萨等城市分别拥有数千人口，是新型的工商业城市。从罗马帝国开始辗转由中国引进的水磨，到中世纪时代得到更为广泛的应用。除了磨粉以外，水磨还被改造成榨油、锯木的水力机械。从中国传入的马蹄铁和牲畜驾轭方法，使欧洲人得以更好地利用畜力。从中国传入的养蚕缫丝技术，使欧洲人能够自行生产丝织品。从中国传入的瓷器技术，使欧洲人到中世纪晚期（15世纪）能够自行生产瓷器。欧洲人不但恢复和发展了具有传统优势的毛纺织业，还兴起了种蔗制糖业。可能是从波斯传入的风磨，到13世纪被大量用于欧洲手工业生产中。经阿拉伯传入的炼铁技术，到14世纪时，使欧洲广泛应用铁制机具。在欧洲中世纪，水磨、指南针、印刷术、火药和钟表五大技术发展迅速，为后来的近代化开辟了道路。其中，前四项技术都源于中国。

二、大学与科学

早先，欧洲的学校多属教会系统，其目的是培养神职人员，宣传宗教道德，对社会实行宗教化管理。后来，随着市民阶层力量的增加，教会的束缚有所松懈，有的学校逐步变成世俗学校。世俗学校首先出现在意大利，而欧洲第一所大学——波伦亚大学（1119）也创立于意大利。此后，欧洲其他大学，如牛津大学（1168）、巴黎大学（1200）、剑桥大学（1209）、帕多瓦大学（1222）、维也纳大学（1365）、莱比锡大学（1409）等相继产生。大学虽然仍将神学作为重要内容，但也开设文学、法学、医学等学科，并开始授予学士、硕士、博士学位（对神学、法学、医学设有博士学位），初步形成大学教育制度。大学是市民阶层进行学术讨论的场所，是宣传思想文化的阵地。市民、学生和学者常有反叛教会的表现，遭到教会的镇压和迫害，这反过来引起大学师生的进一步反抗。1225年，巴黎大学将亚里士多德的一些著作列入学生的必修课。这种情况，迫使教会调整对亚里士多德学说的策略。大学传授的部分知识对教会的权威逐步产生瓦解作用，大学本身也在力图摆脱教会的控制。

中世纪的教会凌驾于大学之上，在这种情况下，实验科学仅仅是少数先驱者的冒险行为。罗吉尔·培根（Roger Bacon，1214—1292）的老师帕雷格伦纳斯（Peregrinus）是物理学家，做过磁学实验，写过磁学著作。他记载，磁同性相斥，异性相吸；磁石磨针可使铁磁化，而一根磁针折断，会变作两根磁针。他研究球形磁石的磁子午圈，并记有多种构造的罗盘。这表明指南针传入欧洲之初，引起了一定的反响。阿拉伯人的炼金术，也传入欧洲，并被仿效。在学习阿拉伯科学技术方面，意大利学者蒙丁诺·卢西（Mondino Luzzi，1275—1326）做了较多工作。他曾在波伦亚大学读医学，后来作该校教师。他的解剖学著作成为欧洲通行的教科书，其中有关于两具女尸的解剖资料。由于教会宣称厌恶流血，中世纪解剖学的发展受到很大限制。牛津大学教师威廉·奥卡姆（William Occam，？—1374）是中世纪后期的杰出学者。他反对增加超过需要的实体，反对一般概念论者为了使理论说明问题而不断往概念中添加条款。他认为，用较少的即可做到的，用较多的反而无益。这种主张，排斥凭空臆想，抛弃累赘假设，追求简要清晰，后被称为著名的“奥卡姆剃刀”。对于烦琐的经院哲学之流，这把“剃刀”无疑是相当锐利的思想武器。奥卡姆率先对亚里士多德和阿奎那的学说提出批判。他认为，磁力有超距作用，真空并不可怕，物体只要受到冲力，就能自己运动。

亚里士多德以为，介质填补真空，才能使物体持续运动。巴黎大学校长让·布里丹（Jean Buridan，1292—1363）举例说明，这种结论不能成立，因为陀螺的持续转动，并没排开介质（空气）。一个物体只要给另一个物体加以冲力，就能使它由静止开始运动。冲力的强调，逐渐形成一个冲力学派。奥卡姆和布里丹都认为，天上的物体也因受冲力作用而运动，但天上没有阻力，所以天上物体的运动可以永不停息。这种冲力来自上帝，但上帝只是在开始推动一下，以后的事不用上帝帮忙。作为冲力学派代表人物之一的尼科尔·奥雷斯姆学问广博，曾求学巴黎，在瓦尔纳大学获得硕士学位，后任鲁昂学院院长，做过利泽尔地区的主教。其代表作有《论货币的最初发明》《天地通论》。他天才般地提出了地球自转的想法，认为地球因受到冲力，才永远运动着。他用几何方法证明了平均速率原理，认为自由落体加速时，增加的不是重量，而是冲力。在研究物体运动时，他首次引入图线法。在他设计的时间—速度图上，一个水平线的长度代表时间，线上某一点代表某一时刻，此点上垂线的长度代表此时刻的运动速度。他还首次将几何学引入力学研究，发现不同时刻的垂直线端点连线下的面积就是这两个时刻间物体运动的距离。他将数学方法引入变量分析，在一定程度上启发了后来伽利略、牛顿、笛卡尔的研究工作。冲力学派对经院化的亚里士多德学说产生了一定的冲击作用。

三、经院哲学及其反叛

罗马帝国晚期，圣保罗（ST. Paulus）和圣奥古斯丁（ST. Augustinus，354—430）等创立了教父哲学。在此基础上，教会神职人员于8—13世纪推出经院哲学，将《圣经》看成对待一切问题的出发点和终极真理。在中世纪，欧洲统治者十分厌恶古希腊、古罗马的思想文化。教皇格里高利一世（Gregory I，约540—604）曾下令毁掉罗马图书馆的丰富馆藏和一些地方的古罗马雕像。1209年，教会禁止传播亚里士多德的学说。这种做法引起了社会的反抗，反过来促使教会的态度发生大转弯。托马斯·阿奎那（Aquina，1225—1274）极力协调亚里士多德哲学与天主教神学的冲突，建立起混合性很强的神学体系。其代表作《神学大全》和《箴俗哲学大全》主张理性应服从信仰（上帝），哲学是神学的婢女。阿奎那利用亚里士多德的四因说，宣布上帝是一切形式的形式，是创造宇宙万物的原动力，所以一切都要服从上帝的旨意。他将古希腊的地心说改造成神学体系，认为地球是上帝特意给人类安排的宇宙中心。阿奎那死后，被教会追封为圣徒、天使博士。由他集大成的经院哲学长期成为教会的官方哲学，直至1879年仍被教皇定为天主教的唯一哲学。

对于炙手可热的经院哲学，中世纪欧洲不时产生反叛者，其中最有名的是英国学者罗吉尔·培根。他反对经院哲学，是建立在熟悉它的基础之上而为之。不仅如此，他还深入研究过古希腊和阿拉伯许多学者的著作。他曾就读于牛津大学，并在该校讲授数学、物理学、外语，又在巴黎大学从事教学和研究工作。其著作主要有《大著作》《小著作》《第三部著作》。他通过实验，研究光的反射和折射现象，以及凹面镜的焦点和球面像差。他认为，用透镜可以组成望远镜和显微镜。自动行走的车，自动行驶的船，自动飞行的机械鸟，在技术上都是可能的。他指出，对权威的崇拜，习惯势力的作用，群盲的感觉，个人性格的骄傲自负，构成无知的四大来源。这种看法，无疑是后来名气更大的弗兰西斯·培根（Francis Bacon，1561—1626）“四重假象（相）”理论的先驱。罗吉尔·培根深入批判经院哲学，大力提倡实验方法和数学方法。他认为，通过实验，人们可以认识理智和事物的原因。离开实验，任何东西都不能被充分了解。实验科学胜过各种依靠论证的科学（特别是经院哲学）。只有实验科学，才能证明自然、人、欺骗分别可以造成什么效果。任何科学都不能离开数学，经验材料必须用数学加以整理和论证。数学和光学是其他学术的基础。数学的表格和仪器设备虽然花费多，却是必需的。培根为自己的反叛付出了沉重的代价：先在巴黎的寺院里被教会严密监视10年，后来被宗教裁判所判处14年监禁，在出狱后的次年（1292年）惨死。而且，他的著作长期被列为禁书。从科学方法和科学精神上，他在古希腊和近代欧洲之间架起了一座桥梁，作出了杰出的贡献。

丹皮尔的《科学史》认为，欧洲中世纪是一个阴谷和黑暗时期。恩格斯的《自然辩证法》痛斥中世纪的黑暗，甚至断言基督教的中世纪什么也没有流传下来。辩证地看，基督教统治下的欧洲中世纪毕竟有若干光明，并且流传了一些宝贵的东西。萨顿的《科学史导论》指出，中世纪不是黑暗的，而所谓中世纪黑暗，实际上是人们关于中世纪的知识太贫乏了。萨顿这一观点距离辩证法并不遥远。恩格斯的《德国农民战争》批评说，在欧洲中世纪，僧侣们获得了知识教育的垄断地位，因而教育本身也渗透了神学的性质。颇受恶评的经院哲学（僧侣哲学、神学），也需要一分为二地看待。一方面，作为一种旨在维护教会和封建主阶级利益的统治思想，经院哲学严重阻碍了正常的科学研究和社会进步，这是不可推脱的历史责任。另一方面，作为一种体系庞大的正统宗教学说，经院哲学对世俗的贪欲和罪恶有一定的劝诫与警醒作用，这是不应被否认的历史贡献。引人深思的是，一般僧侣除了修道之外，还要从事农业劳动。即使撇开修道的内容不说，这种教育模式本身也有助于培养相对全面发展的人。另外，“中世纪”作为一个专门术语，不可简单套用到古代中国、印度、阿拉伯等地。

第四节　古代美洲科学技术

美洲以巴拿马运河为界，分为北美洲和南美洲。美洲总面积约4 200万平方千米，略多于亚洲面积（4 000万平方千米），而为欧洲面积（1 000万平方千米）的4倍多。美洲的原住民主要是印第安人。印第安社会从氏族公社、部落演变为部落联盟，后来在一些地方建立了奴隶制国家。其中最引人注目的是玛雅城邦和印加帝国。

一、玛雅城邦科学技术

玛雅人是印第安人的一支，大约在3 000多年前就在中美洲定居。从公元前后到16世纪，玛雅人在今墨西哥的尤卡坦地区、危地马拉、洪都拉斯等地建立了若干奴隶制城邦，其全盛时期的人口达1 400万。约在公元3世纪，玛雅人在尤卡坦半岛北部的奇琴伊查定居。在玛雅语中，奇琴伊查指伊查人的井口。当地确有7口井，是天然形成的。尤卡坦半岛多为珊瑚质石灰岩构造，土质疏松，降水易于渗入地下，形成地下河。当地面的石灰岩裂隙受到侵蚀塌陷时，就会形成天然井，与地下河相通。这些天然井关系着玛雅人的命脉。7口井最北边的那口，被玛雅人称为圣井，是专门举行祭祀用的。古代玛雅人举行祭祀典礼时，将活人投入井中。圣井的井口直径长达60米，从井口到水面距离为22米，水深约20米。水面漂浮的微生物和水藻将井水染成了绿色。

在农业技术方面，玛雅人主要种植玉米、甘薯、马铃薯、西红柿、南瓜、辣椒、烟草等。在手工业方面，玛雅人也达到较高水平。他们制作的陶器、雕塑等，在工艺技术上很有特点。公元初，玛雅人开始兴建穹形建筑。他们在奇琴伊查发展农业、手工业，建立村庄、城镇，修筑了后来举世闻名的玛雅古城。公元11—13世纪，玛雅古城达到鼎盛时期。

约在公元前后，玛雅人发明了数学符号0、二十进制的计算法和象形文字。10 世纪，玛雅人与托耳特克人在尤卡坦半岛（今属墨西哥）北部会合。从此以后的较长时期，玛雅人的科学技术取得明显进展。19 世纪出土的 3 部手抄本，显示了玛雅文化的巨大成就。玛雅人掌握了精确的天文学知识、完善的历法系统和熟练的运算方法。通过对太阳和月亮的观测，他们积累了一定的天文学知识。为了便于指导农业生产和社会生活，他们创立了独特的历法体系。神历定每年为 260 天，太阳历定每年为 365 天。太阳历估测一年实际为 365.242 0 天，与现代测值（365.242 2 天）相差仅 26 秒。一年 365 天分成 18 个月，每月 20 天，余下 5 天为禁忌日。

玛雅的古建筑多与时令、节气有关。其遗址较多，仅在奇琴伊查一地，就有令人称道的库库尔坎金字塔、勇士庙、千柱群、观象台、球戏场等。位于圣井南面的库库尔坎金字塔，堪称世界建筑史上的奇迹之一。按玛雅语，库库尔坎是羽蛇身的意思。库库尔坎金字塔为四方形，塔基每边长 60 米，塔高 24 米，共 9 层，顶部建有一座神庙。塔的四面都有台阶，北面台阶靠近地面的部分装饰着一个巨大的羽蛇头。从造型上看，羽蛇和中国的龙有很多相似之处。塔的每一面台阶都是 91 级，一直通到塔顶。四面共有 364 级，加上平台上进入神庙的一级，共为 365 级。这恰好是一年的天数。每年春分、秋分，太阳偏西，阳光照射在金字塔的西面。届时，在北边高出塔体斜面台阶的塔上，就会出现一道道浪形的影子。影子从台阶上端延伸到下端，同背面的大羽蛇头相接。随着太阳渐渐西斜，金字塔上的波浪黑影缓慢移动，如一条巨蛇从天上蜿蜒而下。这巧夺天工的建筑设计，营造出壮观的景象，吸引了大量游客一睹为快。

在尤卡坦半岛，玛雅文化遗址分布较多的地方除了奇琴伊查外，还有乌虚马尔等。考古工作者在这些地方发现了水晶头骨、星座图、历法、神庙、天文台、金字塔等。金字塔上有雕刻和铭文。玛雅圣书名叫《波波尔·乌》，已经残缺。有关的雕刻、铭文和书本材料，尚需科技考古人员作进一步分析。1946 年，玛雅人在 790 年制作的一幅壁画被发现，其内容与绘画工具待考。2001 年，在危地马拉热带雨林中的圣巴托洛地方，美国考古学家威廉·萨图尔诺（William Saturno）发现了一座未被开发的金字塔。塔中的一幅玛雅壁画保存完好，画的内容似为谷神复活情景。谷神穿着狮皮外衣，佩戴夸张的饰品，身后站着两个女郎。壁画长约 1.2 米，工艺精美，采用红、黄、黑等色颜料，绘画时所使用的，可能是用动物毛制成的绘画工具。

玛雅人被称为新大陆的希腊人，意味着他们的某些科技成就可与古希腊的相比。不过，玛雅的科学技术与宗教、巫术甚至迷信相掺杂，而僧侣用美女和武士祭奠神灵，其中折射出来的科学思想，难以让现代人作出高度评价。

二、印加帝国科学技术

印加帝国位于美洲西部。约公元12—15世纪，包括阿伊马拉族和克丘亚族在内的印第安人，在今秘鲁库斯科谷地扎根，逐步向周围扩展而形成强大的奴隶制国家。16世纪，印加帝国达到全盛时期，拥有六七百万人口。1533年，印加帝国被西班牙殖民者灭亡。

印加帝国拥有丰富的农作物品种资源，主要家畜为羊驼等。一些地方修筑了梯田，形成灌溉系统。在手工业方面，印加人擅长冶炼加工铜、金、银，铜器得到较多使用。陆地棉又名美洲棉，能加工出用途广泛的天然纤维。印加帝国时期，棉纺织手工业发展相对平稳。养羊业得到推广，毛纺织手工业因而具备了良好的发展条件。与其他不少古老文明中的人一样，印加人发明并采用了结绳记事法。

应当着力强调的是，印加和玛雅等地的印第安人最早培育了玉米、甘薯、马铃薯、菜豆、西红柿、南瓜、菠萝、辣椒、花生、向日葵、西洋参、可可、陆地棉等美洲作物。它们后来传播到世界很多地方（含欧亚等地，特别是中国），对人类社会产生了并将继续产生无比深刻的影响。需要进一步指出的是，这些农业生物（连同亚洲先民最早培育的麦子、粟子、水稻、桑蚕、棉花等生物），其中无论哪一种所具备的生态价值、生命价值，都远远大于所有诺贝尔奖得主已经创造出来与可能创造出来的价值之总和。这种不可替代的基础作用和生态价值、生命价值一旦遭到人类贪欲、利器和愚行的根本破坏，势必将反过来使人类自身陷入难以挽救的悲惨命运之中，并使人间诸多富丽堂皇的文明大厦及其饰物变得毫无意义。

迄今为止，在科学视野所能观察到的宇宙空间，唯有地球上的部分地方适合人类和其他生物生存。在这个唯一的小小行星之上，在相对漫长的古代社会，还有不少国家和地区的科学技术史尚未能纳入人们的重点考察范围之内。即或是对于重点考察的国家和地区来说，人们在古代科学技术史方面所得到的知识也是比较有限的。

延伸阅读

1. 亚里士多德．论植物．徐开来译．苗力田主编．亚里士多德全集（第6卷）．北京：中国人民大学出版社，1995.

2. 亚里士多德．论动物运动．崔延强译．苗力田主编．亚里士多德全集（第5卷）北京：中国人民大学出版社，1997.

3. 亚里士多德．宇宙论．亚里士多德．天象论/宇宙论．吴彭寿译．北京：商务印书馆，1999.

4. 卢克莱修．物性论．方书春译．北京：商务印书馆，1999.

思考题

1. 试述古希腊的科学技术成就。
2. 试述古希腊的科学思想，并与中国古代科学思想作出比较分析。
3. 如何认识古罗马的科学技术成就?
4. 如何看待欧洲中世纪的科学技术?
5. 亚洲、非洲、欧洲、美洲的古代科学技术有什么共同点和区别?

近代篇

近代科学是在一场科学革命中诞生的。同时，近代科学诞生的时代也是世界历史发生巨大变革的时代。公元1000年，拉丁语系欧洲世界的全部人口只有2 200万，而同一时期，中国中原地带的人口是6 000万，印度次大陆是7 900万，伊斯兰统治地区约有4 000万。无论是文化、智力水平、经济、技术和人口各方面，欧洲都十分落后。然而，从15世纪开始，欧洲人凭借他们所掌握的制造枪炮和远洋船只的技术，开始向外界扩张势力，建立起了一个个使世界格局为之改变的海外帝国。从那以后，西欧也变成了全世界科学探索和研究的中心。事实上，近代科学就是起源于16、17世纪发生在欧洲的科学革命。可是，为什么近代科学不是诞生在其他地方，而是诞生于欧洲呢？这是如何发生的呢？还有，欧洲社会是如何驾驭这些新知识，并把它们最终用于解决实际问题的？

针对上述问题，本编着重介绍近代科学诞生的社会历史背景、哥白尼革命以及社会科学的建制化。近代科学革命的诞生恰好在文艺复兴、宗教改革和航海探险交叠的时代，人文主义思潮、社会需求和政治经济利益共同推动了近代科学革命的诞生和发展；而新的科学范式则在哥白尼、伽利略、笛卡尔、开普勒、牛顿等人的传承和发展中建立和推广开来；启蒙运动是对这种科学范式的普及，同时也是社会科学建制化的关键时期，科学与民主在这个时期高扬，并成为理性追寻的目标。

第四章　近代科学革命

正是在1543年——牛顿诞生100年前——哥白尼把地球从其根基中扭出，抛入天穹。在接下来的一个世纪之处，开普勒提出了它的天体运动定律，摧毁了那些包围着世界且使之得以维持在一起的轨道和天体；与此同时，伽利略正在制造着第一批科学仪器，向人类展示着肉眼从未见过的东西，从而拉开了对无限大与无限小这两个彼此相连的世界进行科学研究的序幕。

——柯瓦雷

这个革命改变了物理世界的图景和人类生活本身的结构，同时也就改变甚至处于非物质科学中的人们的惯常的精神活动的特点。因而它作为现代世界和现代精神的真正起源赫然耸现出来。

——巴特菲尔德

第一节　文艺复兴、宗教改革与航海探险

15至17世纪，是欧洲社会的转型时期，是中世纪向近代过渡的时期。这一时期是大师辈出的时期，也是社会剧烈变革的时期。中世纪的一切，包括它的制度、宗教、经济、思想、社会、文学、艺术等均遭到挑战，它所确立的权威和标准受到蔑视。恩格斯说："这个时代，我们德国人由于当时所遭遇的民族不幸而称之为宗教改革，法国人称之为文艺复兴，而意大利人则称之为五百年代（即十六世纪），但这些名称没有一个能把这个时代充分地表达出来。这是从十五世纪下半叶开始的时代。"如下图所示，这一时期正是文艺复兴、宗教改革和航海探险交叠的历史时期，这就是近代科学革命的时代背景。

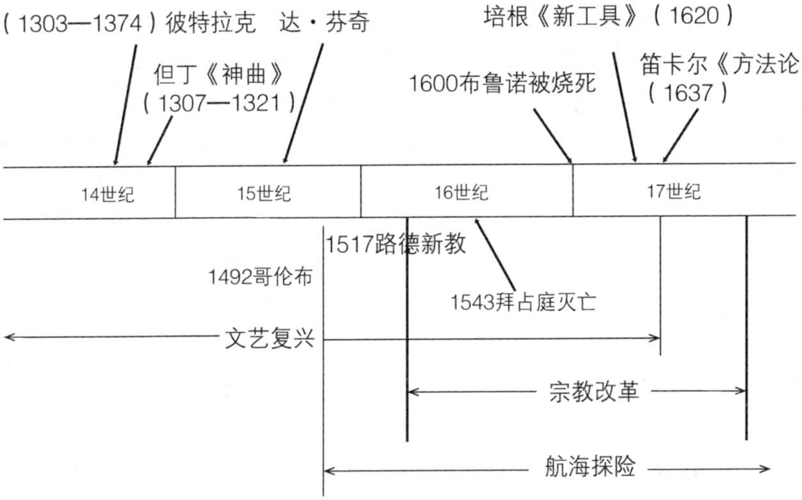

近代科学革命的时代背景图

一、文艺复兴

文艺复兴是从欧洲中世纪末就初露端倪的一场运动。通常认为，它发轫于 14 世纪意大利北部的佛罗伦萨，在 15 世纪后期和 16 世纪初逐步向北欧地区传播，如德国和法国等。16 世纪中期到 17 世纪初开始在西班牙和英国等国家盛行，在莎士比亚的戏剧中达到顶峰。而 1642 年英国清教革命通过议会封闭了伦敦剧场，标志着文艺复兴运动在西欧的结束。（文艺复兴在东欧的传播相对要晚得多，已经超出了这里提及的时间段，故没有在本节中涉及。）

“文艺复兴”（Renaissance）一词最早是由意大利艺术史家瓦萨里在 1550 年使用，指的是古典艺术再生。不过，后来人们使用该词时，更多的是指“希腊罗马古典文化的复兴和再生”，即包括精神、思想、文学、艺术在内的所有文化领域。文艺复兴的思想家和艺术家以重新复兴古典文化为手段，歌颂人性，反对神性；提倡人权，反对神权；提倡个性自由，反对宗教桎梏；赞颂世俗生活，反对来世观念和禁欲主义。后来，随着文艺复兴的发展和繁荣，这场运动几乎涉及欧洲历史上所有领域，它代表着欧洲社会由中世纪向近现代过渡的整个时期。

早期文艺复兴主要表现在文学和美术领域。佛罗伦萨的著名诗人但丁（Dante Alighieri，1265—1321）和彼特拉克（Francesco Petrarca，1304—1374）被视为最早的两位先驱。但丁的名著《神曲》将希腊罗马古典时代的人物（如维吉尔）放在重要的位置，而教会显赫人士却被打入地狱，表现了坚决反对中世纪的蒙昧主义，执着追求真理的精神态度，从中也可隐约窥见文艺复兴时期人文主义思想的曙光。彼特拉克以其十四行抒情诗著称于世，他极力抒发人世间的情感，认为经院哲学沉溺于抽象推理而全面误入歧途，因为“即使所有这些都是真的，它们对于幸福的生活也无所补益，它有利于我们的是让我们熟悉动物、鸟类、鱼类和爬虫的本性，但我们却对我们所属的人类的本性一无所知，并且不知道或不关心我们从何处来向何处去”①。彼特拉克还开创了搜集古代抄本的好古风气，掀起了研究古典学术的热潮，奠定了文艺复兴运动的基本方向——人文主义。

古希腊罗马文化从本质上说是一种以人为本的博大融合文化：它的哲学（和科学）表达了人的理智；它的文学、艺术（包括建筑艺术）表现了人的创造力；它的法律肯定了财产的私有性质；它的生活反映了人对幸福和快乐的追求。这样，古希腊罗马文化实际上几乎成了文艺复兴运动的思想库。② 但是向古典学习并不是要回到古代社会，文艺复兴思想家和艺术家更多的是提倡“古为今用”，是借用古典文化的理性思想表达他们的政治见解和抱负，摆脱封建主义的桎梏和宗教神学思想的束缚，从而建立起适应自己所生活的时代的社会发展的思想文化体系。作为对文艺复兴的研究纲领，人文主义包含的是一种以人为本的理性思想，关注的主要是人和人性，包括人的尊严、价值和才能的展示，而不是神和信仰，正好与处于上升时期市民阶层和新兴资产阶级的追求和要求不谋而合。因此，人文主义思想的提出和形成也就自然成为文艺复兴运动的主要标志。

到了16世纪，意大利的文艺复兴运动进入全面成熟时期，杰出人物不断涌现。特别在造型艺术方面，这一时期出现了空前绝后的艺术作品。达·芬奇（1452—1519）的《最后的晚餐》和《蒙娜丽莎》、米开朗琪罗（1475—1564）的《创世纪》和《末日审判》、拉斐尔（1483—1520）的《西斯廷圣母》和《雅典学院》、波提切利（1444—1510）的《维纳斯的诞生》等作品千古流芳，令人叹为观止。其中，达·芬奇不仅是位天才画家，还在工程技术、物理学、生理学、天文学方面均有极高的造诣。据说，达·芬奇为米兰的天主教堂修建过一部升降机，还设计过降落伞、坦克和飞机。为了设计飞机，他研究过鸟的飞行；为设计潜水艇，他研究过鱼的游泳方式。他发现了杠杆的基本原理，重新证明了阿基米德所得到的许多流体静力学结论。他认识到人类的视觉来源于对外界光的接受，而不是从眼睛里向外发射光线，并且绘制了一个眼睛模型，以说明外界光线如何在视网膜上形成图像。在天文

---

① 库恩. 哥白尼革命. 北京：北京大学出版社，2003. 125.

② 徐新. 西方文化史. 北京：北京大学出版社，2002. 165.

学上，他认识到地球也是诸多星体之一：整个宇宙是一部机器，按照自然规律运行。在笔记本中，他还猜测，地球的结构可能存在长期缓慢的变化。① 当然，这些笔记是用暗码写的，他根本没想把它们公之于世。所以有人说："假如达·芬奇把他的研究成果都发表出来的话，科学就一下子跳到一百年以后的局面。"② 但无论如何，像达·芬奇一样，当时的造型艺术大师们为了准确地再现人体的千姿百态，率先研究人体结构，推动了实验科学的发展。通过观察，权威原则逐步被个人经验所取代，这实际上预示着现代实验时代的到来。

二、宗教改革

宗教改革是文艺复兴以来第一场直接针对宗教的运动，是一场对统治西欧 1 000 年的教会权威的挑战。运动的结果是摧毁了西方基督教的大一统局面，一个被称之为"新教"的基督教新教派脱离罗马教廷，成为自立门庭的宗教。圣神罗马教廷，这个有着千年辉煌的基督教教会的中心枢纽的权威，遭到了极大的挑战。在宗教改革运动之后，西欧的基督教再也不具昔日的权威，基督教对社会的影响开始在实质上走向衰退。

宗教改革是在 15 世纪后期西欧社会的经济与政治结构均开始发生变化的背景下发生的。首先，中世纪形成的封建制度在城市化和资本主义思想的冲击下逐渐分崩离析，新兴资产阶级开始登上历史舞台，民族意识开始觉醒。其次，长期在欧洲社会占据统治地位的教会腐化堕落，不正之风严重，且教皇的谬误日渐明显，教会内部开始出现了要求变革的声音，罗马教廷的权威受到了挑战。再后，文艺复兴运动通过印发《圣经》和古教父著作等基督教书籍，使广大教徒得以直接接触到信仰的原始内容和了解原始基督教，少数有思想的教徒开始意识到宗教阶制、经院哲学的弊端，产生了向传统观念开战的倾向。

德国教士马丁·路德（1483—1546）于 1517 年 10 月 31 日，在德国维滕贝格大教堂门口贴出了九十五条论纲，对由来已久的赎罪券问题提出了不同的看法。他认为：赎罪券并不能赦免上帝的惩罚，而只能赦免教会的惩罚；它只代表教会的意见，而不代表上帝的意志。路德的本意是希望以此展开对赎罪券效能的神学辩论，在基督教教会的作用和个人虔诚之间找到一个平衡点，而不是举起反对教皇的大旗。然而，路德的这一观点和做法显然道出了

① 吴国盛. 科学的历程. 北京：北京大学出版社，2002. 174.

② 江晓原. 科学史十五讲. 北京：北京大学出版社，2006. 134.

对罗马教廷和赎罪券不满的德国人的心声，他的论纲内容以空前的速度传播开去，恰好这时闵采尔领导的农民运动正在各地蓬勃兴起。这样，九十五条论纲就好像烈火遇上了干柴，把整个农民运动点燃了。同时，也揭开了宗教改革的序幕。

1520 年，赎罪券的始作俑者——教皇利奥十世颁布敕令，对路德进行恫吓，要求焚毁路德著作，并警告路德不要再执迷不悟，令其在两个月内到罗马作公开忏悔，否则将开除他的教籍。愤怒的路德撰写了一系列文章为自己辩护。这些文章借助机器印刷广为传播，使路德获得了人民的广泛支持。最终，路德被教皇开除教籍，随后路德及其追随者建立了一个新的教派——新教。

路德的新教学说，即所谓的“因信称义”学说，认为只要心存信仰，坚信上帝和热爱上帝，灵魂就会得到救赎。至于教皇和教会在人的救赎问题上所起的作用，是完全不重要的，因为教会乃是人为制造的，并不能真正代表上帝意志。路德以宗教的语言，表达了那个时代人们心中自由、平等的观念，在基督教世界播撒了人文主义精神的种子。新教的上帝成了可亲可敬的人类保护神，自然界亦不再是此岸可诅咒的东西，而是上帝的杰作，是人应该予以关注的对象。于是，对自然的兴趣与人的自我解放相伴随而来。

三、航海探险

航海探险又称地理大发现。航海探险是欧洲新兴资产阶级积极进取的冒险精神和追求财富的结果。严格地说，阿拉伯人、印度人和中国人都早于欧洲人进行过远洋航海。上千年来，阿拉伯水手一直航行在印度洋上；中国明代著名航海家郑和曾率领当时世界上最庞大的远洋船队七下西洋，先于欧洲人抵达非洲的东海岸。然而，这些亚洲民族并没有把自己的远洋航海活动持续下去。而欧洲的资产阶级在积极进取的人文主义思想的影响下，开始了有规模和持续不断的航海探险活动，其结果导致了地理大发现和对世界的扩张。

葡萄牙和西班牙在航海探险事业上走在最前列。葡萄牙的航海事业与亲王亨利的大力倡导是密不可分的。亨利于 1420 年在圣·维辛特建立天文台和航海学校，一方面培养航海人才，另一方面改进造船技术和航海仪器。在他的领导下，葡萄牙人沿着非洲西海岸越航越远。葡萄牙人在远航中收获了大量财富，这刺激着人们从事航海探险的极大热情。后来，达·伽马组织的于 1497 年 7 月 8 日至 1499 年 9 月初的艰苦卓绝的航海探险队终于到达印度西南海岸的中心港口城市卡利库特，并从那里运回了大量的香料、丝绸、宝石和象牙。这一次航行打破了阿拉伯帝国的贸易垄断，为葡萄牙人夺取了东西方贸易的控制权。

与葡萄牙人南下绕过非洲南岸直达印度的航海探险思路不同，同时期的西班牙采用的是意大利著名航海家哥伦布的计划，他鼓动着西行到达东方黄金之国的计划。哥伦布根据《圣经》推算，欧洲、亚洲、非洲三个大陆应占地球表面的七分之六，海洋只占七分之一，再加上托勒密的世界地图（托勒密认为非洲的南端和亚洲相连），可以得出结论：以整个地球经度为360°计算，自西非以东到亚洲大陆应占280°，而西非与东亚海岸只占不到80°，这样算起来，西行到达东方确实是最短的路径。1492年，在西班牙王室的资助下，哥伦布及其船队开始了横渡大西洋的壮举，尽管没有找到梦寐以求的亚洲大陆，却无意中驶抵并发现了美洲大陆。后来他又两次往返于欧洲和美洲之间，但所到达的大陆没有黄金和珠宝，令西班牙王室大失所望。

哥伦布的西航虽然没有达到其功利的目的，但空前地激发了欧洲人的探险热情和想象力。后来，人们意识到哥伦布发现的大陆是一块“新”大陆，并将之命名为“亚美利加”。1519年9月20日，麦哲伦在西班牙王室的资助下开始了人类历史上第一次环球航行，尽管麦哲伦本人在航行途中于菲律宾毙命，但他的船队在环绕地球航行了一圈后，于1522年9月6日成功回到他们的出发地圣卢卡尔港。麦哲伦船队的环球航行，无可争辩地证明了大地球形理论的正确，也纠正了托勒密地球周长值的错误，打破了古代的世界图景。航海探险所引起的观念革命与其所带来的经济成果一样巨大，它使欧洲的知识分子从对古典作家的绝对权威中解放出来，为近代科学革命提供了良好的心理氛围和精神动力。

第二节 哥白尼提出日心说

近代科学是在一场科学革命中诞生的。这场革命首先是一场观念革命，是在既有的古典数理科学中发生的一场基本概念框架的变革。由哥白尼所发动的天文学领域的革命，是整个近代科学革命的第一阶段。

哥白尼于1473年出生于波兰，父亲是波兰人，母亲是德国人，他的姓即“Copernicus”，前面的5个字母是铜的意思，德国东部有个地方有很多铜矿，因此地名就被称为“Copernicus”。那时候人们喜欢以居住地为姓，于是“Copernicus”就成了姓。他的父母早逝，所以由舅舅抚养长大。舅舅是一个天主教士，他想让哥白尼长大后当一名修士，这样就可以一生衣食无忧。舅舅让哥白尼接受了非常好的学校教育。哥白尼中学毕业后，进入了波兰的克拉夫大学。克拉夫大学是闻名欧洲的高等学府，有来自欧洲各国的优秀教师在此任教。除了神学以外，数学与天文学也是学校的必修课。哥白尼在这里对天文学产生了浓厚的兴趣。大学期间，他认真阅读了亚里士多德和托勒密的天文学著作，且做了大量的笔记。当时，哥白尼的天文学老师布鲁楚斯基，是当时有名的天文学家，哥白尼不但掌握了丰富的天文学知识，还学会了自己制造一些简单的天文学仪器。那时没有专门制造仪器的工厂，观察天象所需的各种仪器都要自己制造。大学毕业之后，他又去了意大利最古老的博洛尼亚大学进修，所学专业是教会法规。博洛尼亚大学的天文学教授是诺瓦拉，诺瓦拉批评托勒密体系过于繁杂，不符合数学和谐原理，这深深地影响了哥白尼的思想。后来，哥白尼去意大利帕多瓦大学学习了医学和法学。哥白尼一生大部分时间都在弗龙堡大教堂担任神父，还做医生和管理教区各种事务。尽管工作繁忙，哥白尼还是经常抽出时间做自己喜欢、感兴趣的事情：进行天文观测、思考天文学的理论问题。他在自己的住所建了一座小天文台，在那里安装了几架天文仪器，进行天文观测，这就是波兰人引以为豪的名胜之一“哥白尼塔”。

哥白尼在 1543 年出版著作《天体运行论》，吹响了近代科学革命的号角。哥白尼所处时代的天文学理论是托勒密的地心说理论。这个理论的特点是用本轮—均轮体系来完成柏拉图的“拯救现象”的命令。在当时所要求的精确度内，这个体系对天文现象的解释是令人满意的。唯一的不足在于这个体系过于烦琐，要解释观察到的现象需要 80 多个圆圈，与基本信念不符——自然是简单和谐的。因此，哥白尼不断翻阅古人的著作且有所发现：“我对传统数学在研究各个天体运动中的可疑之处思索了很长时间之后，对于哲学家们不能对造物主为我们造成的美好而有秩序的宇宙结构提出正确的理论而感到气愤，……因此，我不辞辛苦重读了我所能得到的哲学著作，看看在探求运动方面有没有跟数学学派不同的假说。结果，在西塞罗的著作中发现了希西塔斯逼真地描写过地球的运动，后来又在普鲁塔克的著作中看到还有别的人也赞成与之类似的见解。这就启发我也开始考虑地球的运动。虽然这种看法似乎很荒唐，但前人既可以随意想象圆周运动来解释星空现象，那么我也可以尝试一下，是否假定地球有某种运动能比假定天球旋转得到更好的解释。于是，从地球运动的假定出发，经过长期的、反复的观测，我终于发现：如果其他行星的运动同地球运动联系起来考虑，并按照每一颗行星的轨道比例来作计算，那么，不仅会得出各种观测现象，而且一切星体和天球之大小与顺序以及天球本身，就全部有机地联系在一起了，以致不能变动任何一部分而不在众星和宇宙中引起混乱。”

哥白尼提出了他的宇宙理论：太阳位于宇宙的中心，地球和其他行星围绕太阳旋转。地球与其他行星没有区别，就是一颗普通的行星，绕着自己的轴自转，并绕着太阳公转。行星的排列次序是：最外层是恒星天，它是静止不动的，构成行星运动的参考背景；水星 80 天绕日一周，金星 9 个月绕日一周，地球 1 年绕日一周，火星 2 年绕日一周，木星 12 年绕日一周，土星 30 年绕日一周。

哥白尼通过假设地球是运动的，使许多问题的解决变得简单了。如行星的留和逆行。在哥白尼体系中，行星的留和逆行只是一种视现象，是地球和所观测的行星在恒星背景上作相对运动的结果。即，仅仅是因为我们站在运动着的地球上观测，才会看到行星会暂时停留、逆行和前移。实际上，地球和被观测的行星都在围绕太阳作圆周运动，根本就没有什么逆行运动！如三个人分别在操场的不同跑道上跑步，如以其中某人作为参照物，那么其他两人会相对他做停留、逆行或前移的运动，而在操场中心的人看来，这三个人只不过绕着操场在做圆周运动。如水星和金星为什么不会离开太阳太远？在哥白尼看来，水星和金星的运行轨道都在地球轨道的里面，所以在我们看来它们总是在太阳附近。哥白尼对观测到的行星排列了次序：水星、金星、地球、火星、木星、土星。再根据观测到的各行星的位置，通过简单的几何推理，天文学家就可推算出各个行星到太阳的相对距离和太阳系的相对大小。

哥白尼学说提出之后面临的主要问题：一是他只是把日心说当作假说提出，在《天体运行论》中并未给出证明，此外并没有任何新的观测资料支持。二是恒星视差问题，即如果地球围绕太阳运动，那么，恒星之间的相对位置关系就会改变。犹如你在教室，假如你从教室前面走到后面，那么在座的同学之间的相对位置关系会发生改变。当时，他从来没有观察到恒星之间位置关系的变化。三是地动抛物问题，如果地球在运动，下落的物体应该落在靠后的位置。而这些现象我们都没有观察到。其实，关于恒星视差问题，哥白尼给出了自己的回答。他认为，恒星离我们非常遥远，视差太小，未能被观察到。如果接受这样的说法，那么恒星的距离就必定在 400 000 倍地球半径之外，而当时人们所接受的恒星距离只是地球半径的 20 000 倍。在当时的人们看来，哥白尼的这一说辞实在过于荒谬！事实上是，哥白尼的说法是正确的，在肉眼天文学的时代，恒星视差是不可能被观测到的。望远镜出现以后，天文学理论所依据的观测资料就不一样了。所以，观测手段不一样，获得的事实就不一样！“事实”是变化的！

一直以来，天文学和数学关系密切，哥白尼的《天体运行论》扉页印有柏拉图的名言“不懂几何者勿入”。因而看得懂他的书的人，除了专业的天文学家外寥寥无几。他的学说在提出之初影响有限，教会并没有对它给予太多的关注。此外，哥白尼当时由于重病缠身，便委托教士圣西安德帮他出版《天体运行论》，这位教士为使书能出版，写了一篇前言——“关于本书的假设告读者”，主要内容是：哥白尼只是构造了一个宇宙的数学模型以方便计算，不一定是对实在世界的真实描写。这样就避免了书的内容与教会教义的冲突，为人们接受哥白尼的学说铺平了道路。直到伽利略发明望远镜后，利用望远镜观测到的天文现象支持了哥白尼学说，并且大力宣传哥白尼学说，1616 年，哥白尼的《天体运行论》才成为禁书。

一般认为，布鲁诺捍卫和发展了哥白尼的学说。布鲁诺提出，宇宙是无限的，太阳并不是宇宙的中心。1600 年，他被活活烧死在罗马的鲜花广场，他为捍卫科学真理而献身，是一位科学烈士。另一种说法是，布鲁诺是一位泛神论者，由于宗教信仰的缘故，他相信宇宙是无限的。他由于热衷于宗教改革而在 1600 年被烧死。

第三节　开普勒立法天空

开普勒利用第谷丰富的天文观测资料发展了哥白尼的学说。如果说开普勒是一匹千里马，那么第谷就是伯乐。第谷是丹麦的贵族，13 岁到哥本哈根大学学习，十分痴迷天文学。14 岁就预测到 1560 年 8 月 21 日会出现日食，轰动了哥本哈根。1572 年，第谷发现银河系的一颗新星——仙后座超新星，证明天上也是变化不定的，他向广泛接受的宇宙论信条提出了挑战。1577 年，他观察到彗星，打击了亚里士多德的天界完美观。

后来受丹麦国王腓特烈二世的邀请，第谷在汶岛建了两座豪华的天文台——天堡、星堡，是当时最宏大的科学城。他确信完美的天文学有赖于对天空进行精确而持续的观测。他制造了许多刻度精细的供肉眼观测用的大型仪器，并利用它们取得了前所未有的最精确的肉眼观测结果，精确度在某些情况下达到了 5 ~ 10 弧秒，所有的观测都能达到 4 弧分。他坚持天文观测 21 年，计划观测 1 000 颗星，但由于身体原因，实际观测记录 750 颗。在去世之前，第谷把自己一生所积累的宝贵资料和未完成的遗愿——为修订历法和航海编制新的星表，都留给了助手开普勒。第谷创立了一套天象观测方法，为开普勒和牛顿的工作积累了丰富的天象观测资料，是近代天文学的奠基者。

开普勒是天空的立法者，德国人，数学家，一生迭遭病魔、贫穷的困扰。但他克服重重困难，执着追求星空和谐定律，“真正的伟大，即在于以脆弱的凡人之躯而具有神性的不可战胜的力量”是他一生的写照。他于 1571 年 12

月 27 日生于符腾堡威尔，是 7 个月的早产儿。父亲离家出走，母亲脾气极坏。他从小体弱多病，4 岁时得了天花，满脸麻子，猩红热使他的眼睛受损，高度近视，一只手残，长得又瘦又矮。他一生穷困潦倒，1630 年 11 月 15 日，年近花甲的他在索薪途中病逝于雷根斯堡。辩证法大师黑格尔认为，开普勒是被德国饿死的。死后厄运紧随，开普勒的墓地在“三十年战争”中被对立派夷为平地，尸骨荡然无存。但他的另一份人生简历为：勤奋努力、智力过人，一直靠奖学金求学；1857 年，进入杜宾根大学学习神学与数学；1591 年，获得硕士学位；1594 年，应奥地利南部格拉茨的路德派高校之聘讲授数学；1600 年，被聘到布拉格的邦拉基堡天文台任第谷的助手；1601 年，第谷去世，他继承宫廷数学家的职位，继续第谷未完成的工作。

开普勒是狂热的毕达哥拉斯主义者，非常着迷于占星术和数字神秘主义，这些都激励着他的工作，并铸就了他的科学成就，甚至改变了科学革命的进程。开普勒既是天文学家，也是当时欧洲最著名的星占学家之一。他从事星占学活动主要是编星占历书和为人算命。开普勒 24 岁那年第一次编星占历书，他在其中所作“好战的土耳其人入侵奥地利”“这年冬天特别寒冷”等预言，据说都应验了，于是声名鹊起，每年都有出版商来找他编星占历书。从事天文学研究是花钱而不赚钱的事，又没有太多的资助，所以开普勒往往利用星占学赚来的钱从事天文学研究。他说“星占学女儿不挣钱来，天文学母亲就要饿死”。作为毕达哥拉斯主义者，开普勒坚信宇宙的数的和谐。他曾经在一所新教徒高级中学教数学。有一天，他正在上几何课，讲解立方体、四面体、八面体、十二面体和二十面体，这五种都是正多面体，各个面相同、面与面的夹角全部相等。他突然想到，也许正是这些正多面体以某种方式构成了宇宙的框架，即是它们决定了太阳向外排列的各个行星轨道彼此间隔距离之间的数学比例关系。据此，开普勒写了一本书——《宇宙的神秘》：土星是正六面体外接球、木星是正六面体内切球、火星是内接正四面体内切球、地球是内接正 12 面体内切球、金星是内接正 20 面体内切球、水星是内接正八面体内切球。这是公开出版的第一本支持哥白尼观点的著作。此外，第谷去世后，把倾尽毕生心血获得的观测资料都留了开普勒。在整理资料的过程中，开普勒发现，火星的轨道在所有行星中是最扁的，即最不圆，偏离中心最远。开普勒按照哥白尼的理论和他的天体运动应该和谐的直觉去设法“拯救”火星。他为火星建立一个圆模型，发现理论的推算值与第谷的观测值有 8 弧分的差距。他相信第谷的观测数据，误差不会超过 4 弧分，那么是不是自己的计算有误？他反反复复地检查和修改，确认自己的计算也无误，那么这 8 弧分的误差从何而来呢？他认为问题就是轨道可能不是正圆的。他用卵圆、偏心圆等进行计算，均不能消除8弧分的误差，于是就用椭圆进行计算，结果与观测值吻合。于是，开普勒得出结论：各行星绕太阳运行的轨道并不是正圆，而是椭圆。这是一个令人震惊的划时代发现，以圆为基础的那种物理学和形而上学支配了天体运动近2 000年。开普勒为了解决这个难题埋头苦干了6年，留下来大约900页计算手稿，他的工作都是在没有计算器的帮助下，手工计算完成的。可想而知，那是一项多么艰苦卓绝的工作！1609年，开普勒出版《新天文学》，阐述了他的行星运动定律中的前两个定律：第一定律，行星沿椭圆路径运动，太阳位于这些椭圆的一个焦点上；第二定律，在相等的时间间隔内，行星和太阳的连线所扫过的面积相等。这两个定律的提出，破除了人们对于正圆和匀速的迷恋。1619年，开普勒出版《宇宙谐和论》，在此书中，他提出了第三定律：一颗行星围绕太阳运行一周所需的时间的平方与它的轨道平均半径的立方成正比，即$t^2 \propto r^3$。

开普勒用椭圆代替正圆，古希腊数学家阿波罗尼对于圆锥曲线的椭圆的研究在先，怀特海有言：物质未曾来到，精神先已出现。开普勒把第谷收集的观测资料与数学结合起来，建立起数学模型。爱因斯坦评价："开普勒的惊人成就，是证实下面这条真理的一个特别美妙的例子，这条真理是：知识不能单从经验中得出，而只能从理智的发明和观察到的事实两者的比较中得出。"

关于天体的运动，开普勒时期的天文学家接受的是传统的动力学观：行星作匀速圆周运动，运动的原因或说来自行星天生的习性，或说是被水晶球壳层所带动。开普勒提出行星运动三定律，认为行星不是作匀速圆周运动，那么，他就必须提供一种动力学，用以说明行星为什么会作椭圆路径的运动。开普勒最初提出类似于圣灵那样的原动灵魂或者幽灵，正是它推动行星作椭圆路径的运行。后来，他受到吉尔伯特的著作《论磁体》的启发，认为太阳和行星都是磁体，行星在一侧受到吸引，所以离太阳较近，在太阳的另一侧行星受到排斥，离太阳较远，所以运动轨道是椭圆的。这些看法并未被伽利略等后人所接受。在开普勒之后的天文学，面临三个问题：恒星视差问题、地动抛物问题以及行星为什么绕太阳作椭圆路径运行的问题。

第四节　伽利略奠基近代科学

伽利略出生于意大利的比萨，10岁左右随父迁到佛罗伦萨。他是一个矮胖的人，很活跃，满头红发，好饮酒，易发脾气，善于辞令，具有在论辩中嘲弄对手的辩才，喜欢自然科学，尤其是数学。但出于谋生的需要，伽利略进入比萨大学学医。当时的大学教医学只讲理论，上课时，既没有图解，也没有尸体，只是背诵人体各部分器官的名称。伽利略喜欢动手实践，对这些课程并不感冒。私下里痴迷于数学的研究。后来通过关系，他于1589年在比萨大学担任数学老师，于1592年转到帕多瓦大学任教。当时，数学教授的薪酬仅为神学教授的八分之一，他不得不忍受地位低下的状况，通过收费为外国学生提供膳食，私下招收学生进行教学，补贴家用。在1609年之前，确切地讲在发明望远镜之前，伽利略只是一个大学里默默无闻的普通教师，他属于大器晚成之人，其成就主要在天文学和力学两个领域。

1609年夏天，伽利略在威尼斯听到一个消息，说在荷兰有一种由一个圆筒和两片有曲面的玻璃片构成的仪器，能将很远的东西看得很清楚。伽利略想要仔细地验证这个传闻的真实性，因此为自己制造了一个这样的仪器。到1609年底，伽利略将望远镜的放大倍数扩大到了20倍。他把望远镜对准天空，不看不知道，一看吓一跳，他看到了许多不可思议的现象。1610年他出版了《星空信使》，把运用望远镜进行天文观测所获得的结果公之于众。

（1）当用望远镜观看恒星时，伽利略看到了许多肉眼无法看到的恒星。尽管恒星视差依然难以察觉，但所观察到的足以说明宇宙如哥白尼所预言，远远大于人们从前的想象。

“我看到大群的星星，都是以前没有看到过的，比较以前看到和了解的老星星在数量上多出10倍。但是，这会使人们产生极大的新奇感，也的确使我本人引起天文学家和哲学家们的注意，也就是说，我已经发现了四个行星，是我的时代之前的任何一位天文学家都没有观察到的，也不知道的。”

（2）1610年1月发现木星有卫星环绕，地球不再是唯一的绕转中心；木星周围环绕着卫星，它们使木星看上去就像是一个太阳系的缩影。

（3）月亮表面凹凸不平，有山谷和平原。在亚里士多德的世界中，月亮是完美的天体，而伽利略的发现表明天上与地上十分类似。

（4）伽利略还发现在传统宇宙理论中作为完美象征的太阳，其表面实际上是“斑斑点点、不洁净的”，即有太阳黑子。这个发现大大削弱了天空完美无缺的信条。

（5）更重要的发现是金星有着与月相一样的位相，有时呈现满月那样的圆面，有时则如一弯新月。这完全不能与托勒密关于金星的几何学相容。这表明金星的确在环绕着太阳运动。

科学史家柯瓦雷指出：“很清楚，伽利略就是用他的望远镜对准天穹，观察天体，给了中世纪的宇宙致命的一击。”

最初，望远镜的使用引出了一系列问题。用望远镜观察到的景象是真实的吗？该如何解释望远镜所观察到的那些景象呢？当然，后来伽利略以他出色的辩才使人们接受，望远镜可以作为一种合理的工具在天文学的研究中被使用。在伽利略身上发生的争论，绝大多数都同他的望远镜和用他的望远镜看到的东西有关。用望远镜得出的那些发现使哥白尼的日心说问题突显出来，后马上招来了神学方面的反对。1611 年，他的名字被列入宗教裁判所的黑名单；1614 年，有修道士公开攻击伽利略；1615 年，一些狂热分子向宗教裁判所举报他。在某种意义上，伽利略在 1633 年前就已经是宗教裁判所重点关注的人物了。

伽利略用望远镜所看到的现象，间接或直接地支持了哥白尼的学说，使得关于哥白尼学说的宗教含义引起了激烈的争论。关于科学与宗教的关系，伽利略的看法是，信仰与理性不该对立，因为《圣经》是上帝的话语，自然是上帝所造之物。《圣经》是写给普通大众阅读的，可以对之作出不同的解释。自然是一个无法改变的实体，一旦对自然的研究与《圣经》所说不符，那么就应该改变人们对《圣经》的理解，即对自然的研究应该在传统神学之上。这是现当代绝大多数科学家、神学家的认知，但在伽利略那个时代，确实难以被神学家们所接受。1616 年，宗教法庭宣布《天体运行论》将被停止传播，直到它被修正为止。红衣主教罗伯特·贝拉明（Robert Bellarmine，1542—1621）口头警告伽利略不可以再相信哥白尼体系，或为其辩护。1623 年，红衣主教马费奥·巴尔贝里尼成为教皇乌尔班八世，他是伽利略相交多年的朋友。1624 年，伽利略到罗马晋见教皇，请求教皇允许他重新研究哥白尼日心说。教皇要求他不偏不倚地看待托勒密和哥白尼这两个体系，且强调，上帝能够以无数种方式推动天体运动，不管它们看起来是什么样子，因此，人类无法探究出观察到的现象的真实原因。1630 年，伽利略再到罗马谋取《关于托勒密和哥白尼两大世界体系的对话》出版许可。1632 年，伽利略出版了研究日心说的成果——《对话》。这像一颗重磅炸弹投向社会！该书以三个人对话的形式深入浅出地来展现内容。一个人物是伽利略本人的代表，一个是亚里士多德的代表，一个是对所讨论的内容感兴趣的聪明的外行人。通过三个人 4 天的交流对话来表达自己对某些问题的看法。第一天，通过望远镜所观察到的现象，对亚里士多德的天地有别的宇宙观进行了批判。第二天，介绍了地球的自转，对我们为什么感觉不到地球的自转给出了解释。他认为，地球上所有的物体都在和地球同时做着同样的运动，我们只能看见物体之间的相对运动。因此，从塔顶自由落下的球会掉落在塔基，无论向西还向东开炮总是落在相等的距离。第三天，介绍了地球绕太阳的公转，用望远镜观察到金星位相的变化与月亮一样，托勒密体系无法解释这个现象，用哥白尼体系却能给出非常完美的解释。第四天，解释潮汐现象，他认为一个既自转又公转的地球会引起海洋里海水的晃动，因而会出现潮汐。

伽利略的书表面上看对两个体系的态度是不偏不倚，是两大体系的对话；但书中内容支持哥白尼学说的倾向性很强：地球有自转与公转。所以，书刚一发行，就成了禁书：停止销售，已经发出的全部收回，在印刷厂的资料全部被没收。1632 年，宗教裁判所传讯伽利略，要他到罗马受审。开始，伽利略以身体状况不佳为由拒绝去罗马。但是，宗教裁判所的态度很强硬，能来要来，不能来也要来。不得已，伽利略克服一切困难被担架抬到了罗马。最初对伽利略的审判，基本上伽利略承认错误即可；后来乌尔班看了伽利略的供词后，坚持判处伽利略最可疑的异端罪——放弃信仰，被监禁。这个罪名比异端罪低一个等级，如果是异端罪，就会像布鲁诺一样被判处火刑，被活活烧死。1633 年 6 月 22 日，伽利略已 69 岁高龄，被迫跪在大庭广众之下，身着悔罪人的白色长袍，手执蜡烛，发誓、赌咒和詈骂"哥白尼异端邪说"，并发誓要永远谴责一切这样的异端。传说伽利略在公开放弃信仰之后喃喃自语："可是，它还是在运动的呀。"《对话》直到 1835 年才被从天主教的禁书目录中去掉。1979 年，教皇保罗二世要求神学家、学者和历史学家重新审查伽利略案件；1982 年，保罗二世成立包括四个小组的伽利略案件审查委员会，教皇保罗二世承认伽利略的学说的正确性。伽利略的被审，使得意大利的科学在 1633 年之后便失去了活力，科学的中心向北转移，到了荷兰、法国和英国。

伽利略 1633 年被审之后，已是 70 岁高龄，被软禁在家中。然而，他并没有消沉下去，只不过不再涉及会引起神学争论的话题，而是转向了力学研究，并于 1638 年在荷兰出版了《关于两种新科学的对话》。要公开出版发表宗教裁判所判定有罪的人的著作谈何容易，可以说，当时的伽利略在意大利遭到了封杀，任何地方都禁止出版或再版伽利略的任何著作。伽利略认为在罗马法庭力量所及的任何地方出版都是危险的，而荷兰是新教国家，不受罗马教会的控制。伽利略此书依然用对话的方式展现所要论及的内容，对话的主要内容是关于固体的强度问题、落体运动、抛物体运动的研究。对话安排在威尼斯的军工厂进行，进行了四天，主要人物有三个：萨尔维阿蒂，伽利略的代表；沙格里多，对科学感兴趣的外行的代表；辛普莱修，亚里士多德的代表。这三个人物可能代表的是伽利略研究那些问题在不同阶段的不同思想。第一天讨论材料的断裂强度问题，提出了一些在技术和理论上令人困惑的问题，如为什么强度和抗力不是和材料一样以同样的比例增大？是什么使大理石立柱结合为一体而不坍塌？第二天讨论了有荷载的悬臂。第三、四天才讨论关于运动学的内容。关于匀速运动、自然界的加速运动和抛体的运动。运动是自然界最常见的现象，在伽利略那个时期，关于运动最权威的见解是亚里士多德的，其中一个观点是，物体下落的速度与其重量成正比。关于这个话题，人们自然而然就会想到著名的比萨斜塔实验：伽利略拿了一轻一重两个铁球，从比萨斜塔上往下扔，结果两个球同时落地。这样亚里士多德的观点就不攻自破。事实是这样的吗？其实，事实是伽利略做的是一个思想实验：重物 W_1，下落速度 V_1；轻物 W_2，下落速度 V_2；如果把重物和轻物系在一起（$W = W_1 + W_2$），那么它们的下落速度 V 是更快还是介于两者之间呢？即 $V > V_1 + V_2$，或 $V_1 > V > V_2$？根据亚里士多德的逻辑，物体越重，下落速度越大。但是，直观地看，重物与轻物系在一起，轻物会影响重物的下落，那么系在一起后的速度就会介于两者之间。得出不同的结论，就意味着亚里士多德的理论存在问题，这就引出一个问题：物体下落的时候，下落的速度与重量会是什么关系呢？伽利略试图给出回答。这就有了著名的斜面实验。伽利略在落体运动的研究中观察到，当落体被放开后，它在空中下落的速度越来越快。由于自由落体运动得太快，无法对落体运动进行详细研究。伽利略想出了"稀释重力"的办法，他用球在斜面上滚动，斜面越陡，球滚动得越快。在垂直面的极限情况下，球沿这个面自由落下。因此他的实验装置是，一块长约 7 米、厚 7 厘米的木梁，一侧开有光滑的沟槽，槽内贴着羊皮纸。木梁沟槽朝上，一端抬高约 1 米左右，然后让滚圆的铜球沿着沟槽向下滚动。此外，在研究落体运动中，还面临的一个困难是：测量小球走过不同距离所需要的时间。当时钟表还没有发明，伽利略想出来的解决办法是用"水钟"——通过一个大容器里流出的水量来测量时间。即通过收集从一个容器里流出的水，并称出水的重量，这样来确定时间间隔。在斜面实验中，许多因素还是无法 100% 地控制好，如沟槽是否能光滑到忽略摩擦？收集到的水是否会有洒漏？但是无论如何，伽利略从实验中得出了这样的结论：重复进行了 100 次，发现（铜球）距离（之间的关系）总是犹如时间平方（之间的关系）……即我们现在所知的，一个物体自由下落时下落的距离与下落时间的平方成正比。在此处，对物体的定律的研究，伽利略关注的是对运动的描述，而不是说明运动的原因。伽利略只是告诉我们物体是如何下落的，并没有告诉我们它为什么会下落。这个问题的解决有待牛顿的出现。

经过对斜面的改进，伽利略还发现，如果使斜面的摩擦力对滚动的金属小球来说，小到可以忽略不计，那么当小球从某一高度的斜面滚下之后，它还可以继续滚上另一斜面，直到和出发时同一高度的地方，滚动的距离与斜面的倾斜度无关。所以他进一步推论：如另一斜面的倾斜度为零，那么小球将以滚上这个面时的初始速度一直不停地滚动下去。这就类似我们现在的惯性定律。只不过伽利略所指的一直运动下去是沿着地球的圆弧移动，而不是沿直线移动。因为，如果是沿着直线移动，那么就需要无限的空间，而伽利略时代的宇宙空间还是有限的，无限的宇宙空间在当时还是无法想象的。

亚里士多德的运动理论把地球上的物体的运动分为自然运动和受迫运动：物体的自然运动由物体的本性决定，受迫运动需要有外力的推动。因此，亚里士多德的运动理论所面临的难题是，射出去的箭为什么会继续运动，谁给了它推力？对于水平抛出的石头，伽利略认为这块石头参与了两个独立的运动：速度恒定的水平运动，这个速度是抛石头的手给它的；速度与时间成正比的自由落体运动。用我们现在的话说，就是伽利略对抛物体的运动提出了合成和分解的概念。这样就解决了亚里士多德的难题。对于一个理论，人们接受的一个主要因素是它的解释力。

伽利略在力学方面的成就，在我们今天看来，只是通过斜面实验就获得了。但事实上，这些成就的获得没有那么容易。以我们一般的生活常识而言，确实是重物下落得比轻物快，同时掉落一本厚厚的书和一张纸，书会先落地。物体的下落运动涉及许多因素，如下落时穿过的介质的密度、下落物体的形状、下落物体的密度、下落的距离、下落的时间、下落的加速度等，在这些因素中，究竟该关注哪些因素呢？可见，伽利略是摸着石头过河，穿过了层层迷雾，克服许多概念的障碍才把握了这些因素之间的基本关系，才可能有著名的斜面实验的设计。一般而言，我们认为，有什么样的世界观就会有什么样的方法论。伽利略认为：哲学被写在宇宙这部永远在我们眼前打开着的大书上，我们只有学会并熟悉它的书写语言和符号以后，才能读懂这本书。它是用数学语言写成的，字母是三角形、圆以及其他几何图形，没有这些，人类连一个字也读不懂。伽利略认为客观物体的质可划分为第一性的质和第二性的质。第一性的质，如形状、大小、位置、运动的量等物体的客观性质，它们能用数学语言精确地加以刻画，他坚信“自然界这部书是用数学语言写的”。因此，他认为第一性的质属于自然科学的研究对象。而颜色、气味、声音等，只是主观感觉，只存在于主体中，难以用数学语言精确地刻画，它们不属于自然科学的研究对象。这些都是自然的数学化的宣言。在伽利略对物体运动的研究中，就抓住可用数学的语言表达的量之间的关系来研究。这样伽利略就创立了实验与数学相结合的方法。爱因斯坦对他的评价：“伽利略的发现以及他所应用的科学推理方法，是人类思想史上最伟大的成就之一，标志着物理学的真正开端。”伽利略是真正的近代科学的奠基者。

伽利略后来完全失明，在1642年逝世。恰好在这一年，牛顿出生。

第五节　牛顿统一天与地

1642年圣诞节，牛顿出生在英格兰林肯郡伍尔索普村的一户自耕农家庭。他是个早产儿，生下来体重不足，在医疗不是很发达的当时，几乎所有人都认为这个柔弱的婴儿难以存活。他又是遗腹子，父亲在他出生前几个月去世，母亲在他3岁时改嫁离开他，由祖母照顾他。在他10岁时，母亲带着几个孩子又回到了他的身边。这样的家庭生活对他的心理会产生怎样的影响？这一直是心理学家关心的问题。事实上，牛顿性情孤僻，从小喜欢摆弄小玩具、小机械，做过风车、灯笼、日晷，一生未婚，他总是担心别人会偷走他的成就。牛顿于1661年考上剑桥大学。1665年，一场瘟疫波及剑桥，大学关闭了两年。为此，牛顿回到了家乡。科学史把1666年称为奇迹年，在这一年，牛顿发现了万有引力，发明了微积分，形成了关于光和颜色的理论。1667年，牛顿回到剑桥，成为三一学院的研究员。1669年，年仅26岁的牛顿成为卢卡斯数学教席的教授，当代物理学家霍金（《时间简史》的作者）也为自己能够担任此教席深感荣幸。毫无疑问，牛顿是其所处时代的数学翘楚！

牛顿发现万有引力，众所周知的故事是，牛顿安安静静地坐在苹果树下思考问题，一个熟了的苹果从树上掉落下来，砸在他的头上。牛顿对此产生了疑问：为什么苹果往下掉，不往上飞呢？为什么月亮不会掉下来？把苹果拉向地面的力与地球控制月亮的力是不是同一种力？牛顿认为月球和其他行星的轨道运动是抛射体运动的一种极限情形："一块被抛射出去的石头由于自身的重量而不得不偏离直线路径，在空中划出一条曲线，最后落到地面。抛射的初速度越大，石块落地之前行经的路程就越远。因此我们可以设想，随着抛射体初速度的增加，石块落地之前在空中划出的弧长越长，直到最后越出地球的界限，它就可以完全不接触地球在空中飞翔。"为了检验使苹果落地的力和维持月球在其闭合轨道上运动的力之间可能的关系，必须做好以下四点：①弄清楚重力随着与地球距离的增加而减少的规律；②根据这一规律和所测得的在地球表面的物体的加速度，来计算月球轨道处的重力加速度有多大；③假设月球的轨道是一个以地球为圆心的圆，计算月球的实际向心加速度是多少；④确定由②和③得出的加速度在数值上是否相等。在1666年躲避瘟疫的时间里，牛顿构思了万有引力的概念，并成功地运用这个概念描述了月球围绕地球的运动。但在随后的二十年里，关于此问题，他没有再发表任何相关的文章。直到1684年，哈雷专程到剑桥大学向牛顿请教一个问题，行星在一个按平方反比定律变化的引力中心附近区域里运动的运动路径会是什么样的？牛顿回想起1666年做过的工作，立即回答说：行星的轨道应该是椭圆。哈雷要他把计算过程写下来，牛顿答应哈雷，过一阵子就把计算过程寄给他。3个月后，哈雷收到了牛顿的论文“论物体的轨道运动”。哈雷看过之后，欣喜万分，立刻恳请牛顿将他的理论正式发布。牛顿一向对发布自己的研究成果不热衷，他害怕争论，甚至不愿意让别人知道他在做什么。哈雷对牛顿软磨硬泡，耐心地劝说他发表自己的成果。牛顿最终同意将他的发现正式发表。两年之后的1686年，巨著《自然哲学的数学原理》完成。1687年，《自然哲学的数学原理》以拉丁文正式出版。牛顿克服一个个概念上、数学上的障碍，把思想理顺，得到了一个完备的力学体系。牛顿证明，万有引力无处不在，并且用它来解释许多原来人们认为不可思议的现象，如行星、卫星、彗星等的运行。牛顿明确指出：万有引力是两物体间的相互作用力，任何两个天体，如地球与太阳、月亮与太阳之间，都有这种力，之所以地球绕着太阳转，月亮绕着地球转，而不是相反，是因为它们之间质量对比悬殊。《自然哲学的数学原理》问世后的二百多年间，一直是全部天文学和宇宙学思想的基础。天体的运行、潮水的涨落和彗星的出没，所有这一切都可以用同一的力学规律来解释。在此之前，人类对宇宙充满迷惘困惑；在此之后，人类眼前的宇宙井然有序。正如英国诗人蒲伯所赞：大自然和它的规律，隐藏在黑暗之中，上帝说：让牛顿去吧，一切便灿然明朗。

《自然哲学的数学原理》一书类似于《几何原理》，一开始就给出了定义和公理。他先定义所使用的术语如质量、力，接着就表述了著名的运动三定律：①惯性定律，任何一个运动物体在不受外力作用时，保持静止或保持匀速直线运动；②力的大小由运动的变化来量度；③对于任何一个作用力都同时存在着一个大小相等而方向相反的反作用力。当然，牛顿对时间空间给出的定义，此后二百多年深深地影响了人们的时空观。谈到运动，它似乎总是相对某个参考系而言。我们说地球在动，它的参照系是太阳。但我们在哲学原理中经常说，运动是绝对的，静止是相对的。这个绝对的运动是这么回事呢？在牛顿看来，物质的基本属性除了广延性，还有不可入性。所谓不可入性是指当一个物体占据某一空间时，另一个物体就不能再占据同一个空间。而在相邻的物体之间，就有空间的存在，那里不占据任何物质，因此就是虚空或绝对空间。相对于空间所做的运动就是绝对运动。那么，物体若是相对于空间而运动，如何才能被观察到呢？牛顿认为，上帝能够观察到。因此牛顿关于时间空间的定义是：绝对的空间，就其本性而言，是与外界任何事物无关而永远是相同的和不动的；绝对的、真正的和数学上的时间自身在流逝着，而且由于其本性而均匀地、与任何其他外界事物无关地流逝着。就人类的感觉而言，我们只有通过具体的事物，才能确定空间或衡量时间，我们无法观察到绝对时间和绝对空间的存在，也难以想象一个不存在任何背景参照系的时空。关于时间空间，后来爱因斯坦就提出了疑问：“如果任何事物都与时间空间本身无关，那么我怎么知道它是存在的呢？”

前面提到，牛顿在1666年就已提出万有引力概念，却在20年之后才在《自然哲学的数学原理》一书中对众人公开。为什么呢？关于万有引力，当时存在些许问题。首先，牛顿的整个计算中，地球和月球的质量均被看作集中于其球心，而对此的数学证明需要发明微积分；其次，在计算中，重力加速度以及地球半径的数值不够准确，使得计算有误，无法确确实实地用月球的运行来验证万有引力定律；最后，万有引力到底是什么性质的力？它居然可以超距作用，到达月球?！牛顿的巨著出版之后，前面两个问题得到了很好的解决。然而，关于引力的性质问题，依然是一个令牛顿头疼的难题。在牛顿所处的时代，人们通常对力的理解是，它必须通过接触或介质才能传递。因而，笛卡尔提出漩涡假说，整个宇宙空间充满一种透明无形的精细物质，当微粒在其间运动时，激起漩涡，力就通过漩涡而得到传递。当时，人们能够想象的情况只有两种：一是力通过碰撞而传递；还有一种是类似用细绳绑住石头，用力挥舞，石头做圆周运动。绳子一旦断裂，石头就会飞离而去。月球绕着地球转，那么是什么力在起着作用呢？如果不是通过接触而传递力，那么就在地球与月球之间存在介质。牛顿无法接受这个观点。天体的运行恒常无衰竭之相，若是充满介质，各种天体的运行速度就会慢慢地减下来。那么，既然不存在这种介质，力的传递又是怎么进行的呢？因此，牛顿不得不得出结论，万有引力是超距的，即既不需要通过碰撞也不需要通过接触来传递。“您还没有解释引力为什么会起作用。”“您还没有解释两个距离之间的作用力如何发生。”牛顿面对这些问题，用一句话来回答：“我不做假设。”即不处理形而上的猜测问题。只是立下一条法则，并从中导出一些现象。在牛顿看来，除那些真实而已足够说明其客观现象者外，不必寻求自然界事物的其他原因。在实验哲学中，我们必须把那些从各种现象中运用一般归纳而导出的命题看作是完全正确的，或者是非常接近于正确的；虽然可以想象出任何与之相反的假说，但是没有出现其他现象使之更为正确，或者出现例外以前，仍然应当给予如此的对待。“对我们来说，能够知道引力确实存在，并且按照我们业已说明的那些定律起着作用，还可以广泛地用它来解释天体和海洋的一切运动，这就已经足够了。”当然，这里需注意的是，牛顿的万有引力是数学意义上的，而不是物理学意义上的。牛顿把自己的著作称为“自然哲学的数学原理”恰如其分。

严格地说，牛顿的万有引力定律适合于一个封闭的系统，其中只有两个天体。实际的世界的情况绝不是如此简单。任何一个天体所受到的引力都是众多天体对它产生的合力。牛顿认为："要考虑如此众多的运动的原因，并用精确的定律来确定这些运动，如果我没说错的话，这已经超出了全人类知识界的能力范围。"正如爱因斯坦所说，倘若组成太阳系的各个行星的质量大致相等，彼此的距离也全都近乎相等。那么，它们的路径就会复杂到如此程度，真正的轨迹既不能通过经验来确定，也难以用理论来计算。如果我们真的处在这样的太阳系中，牛顿万有引力定律的验证就会困难得多。幸好，太阳系不是那样的。

牛顿的万有引力如此之神秘，它的性质无法定义，那么学界为什么会接受它呢？首先在于牛顿对地球形状的预言。关于宇宙，当时被人们普遍接受的是笛卡尔的漩涡假说：原始物质处于一种混沌状态，按物理学的规律进行着漩涡式的运动。在运动中分化出土、空气和火三种元素。旋转运动把重的物质元素土甩出中心而形成行星，轻的元素火则留在中心形成太阳。行星旋转引起新的宇宙空间旋风，形成一些与太阳系不同的其他星系。根据漩涡假说，地球的形状是两极突出。而牛顿认为，"由于球形不能解决等速转动的同质物体的相对平衡问题，因而地球的形状应该是椭圆形的"。最后实地测量的结果表明，地球的形状确实是长椭圆形。其次是哈雷对彗星回归的预言被证实。1695 年，哈雷从 1337 年到 1698 年的彗星记录中挑选了 24 颗彗星，用一年时间计算了它们的轨道。发现 1531 年、1607 年和 1682 年出现的这三颗彗星轨道看起来如出一辙，于是一个想法在他的脑海中迅速闪过：这三颗彗星可能是同一颗彗星的三次回归。自从哈雷产生了这个大胆的想法后，便怀着极大的兴趣，全身心地投入到对彗星的观测和研究中去了。在进行了大量的观测、研究和计算后，他大胆地预言，1682 年出现的那颗彗星，将于 1758 年底或 1759 年初再次回归。哈雷作出这个预言时已近 50 岁了，而他的预言是否正确，还需等待 50 年的时间去验证。在哈雷去世 10 多年后，1758 年底，这颗第一个被预报回归的彗星被一位业余天文学家观测到了，它准时地回到了太阳附近。哈雷在 18 世纪初的预言，经过半个多世纪的时间终于得到了证实。还有 1846 年海王星的发现、1930 年冥王星的发现，这些发现都使人们对万有引力的疑惑逐渐消减。

牛顿在其巨著出版之后，基本不再从事科学研究，他将精力转向其他事务。其一是，1689 年担任国会议员，1695 年接受皇家造币厂督办新职，迁居伦敦。他运用自己的聪明才智，对造币的机器设备、金币的金属纯度、铸造速度等不断加以改进，使金币的面目焕然一新，且供应充足。1699 年升任皇家造币厂总监。大家不可小看这个职位，这不但是一个终身职位，而且年薪高达2 000英镑，这在当时是相当惊人的收入。要知道，当时年收入100英镑，就属于中产阶级，养活一家人都不成问题。1703年，胡克去世，牛顿当仁不让地当选为英国皇家学会的主席，之后一直连任，直至逝世。牛顿就此成了英国科学界的统治者。1705年，他被授予爵士勋位，自此，他成了贵族，被称为艾萨克·牛顿爵士。其二是，牛顿一生都对炼金术感兴趣。牛顿经常彻夜不眠狂热地守着炼金火炉，钻研点石成金的秘诀，他一生花费在炼金术上的精力，远远超过用在纯科学上的时间，他还痴迷地研究《圣经》中的年代和预言，总共留下了50多万字的炼金术手稿和100多万字的神学手稿。

《100个伟人》一书中，牛顿排名第二，居于穆罕默德之后，位于耶稣基督之前，此殊荣的获得是由于他对科学无可比拟的贡献。牛顿在近代科学史上无与伦比的重要性不只是由于对当时的科学所作出的贡献，还在于他在塑造后来所形成的科学传统上所起到的永不磨灭的作用。他用万有引力定律和三大运动定律，把天上与地面物体的运动统一，建立了一个研究纲领：自然界任何物体之间都存在着力的关系，不论是宏观物体还是微观物体之间，自然界的力是自然现象得以产生和变化的原因，因而解释自然现象就必须借助力。

1727年，85岁高龄的牛顿与世长辞。他的葬礼是英国历史上为科学家举行的最隆重的葬礼。全英国几乎所有知名人士，从大贵族、大官僚到著名作家、科学家，纷纷前来吊唁，争着为牛顿抬灵柩。他被安葬在威斯敏斯特大教堂，邻居是达尔文、丘吉尔等。法国数学家拉普拉斯曾评价：不会产生两个牛顿，因为要发现的世界只有一个。

延伸阅读

1. 柯瓦雷. 牛顿综合的意义. 吴国盛译. 大学科学读本. 桂林：广西师范大学出版社，2004.

2. 麦克莱伦第三，哈罗德·多恩. 世界史上的科学技术. 王鸣阳译. 上海：上海科技教育出版社，2003.

3. 库恩. 哥白尼革命——西方思想发展中的行星天文学. 吴国盛，张东林，李立译. 北京：北京大学出版社，2003.

思考题

1. 文艺复兴、宗教改革和航海探险对于近代科学的诞生有什么作用？
2. 为什么哥白尼要提出日心说，日心说的主要内容是什么？
3. 哥白尼的日心说提出之后，大家是否会马上接受，理由是什么？
4. 伽利略是近代科学的奠基者，他在科学史上的贡献是什么？
5. 在科学史中，牛顿的主要贡献是什么？
6. 牛顿的万有引力理论非常神秘，后来为什么会被大家所接受？

第五章　18世纪的工业革命及启蒙运动

工业化是一项具有巨大历史威力并不断前进的过程。在此之前，从来没有另一件百年才逢一次的大事如此改变地球的面貌及其居民的生活。

——吕贝尔特

第一节　工业革命

工业革命，即始于18世纪的那场划时代的技术变革，它把人类推进了一种全新的生存方式——工业文明中。第一次工业革命是一场以机器大工业代替工场手工业的社会变革，始于18世纪60年代，完成于19世纪三四十年代；英国之后，席卷了欧洲和北美。

18世纪初，当科学革命正在变成历史时，欧洲仍然是一个农业社会的景象。在欧洲的总人口中，90%的人居住在乡村，直接从事农业生产。即使城市居民，在工场劳动的人也非常少。能够见到的制成品，其中的绝大部分，要么就是在乡村的农舍小屋里生产出来的，要么就是能工巧匠的产品。代表那种传统社会典型特征的资源就是木材、风和水。那时，一场根本性变革先是在英格兰展开，接着便席卷欧洲和北美。

在工业革命中，认可逐渐从传统的农业和商业领域转移至机械化的生产领域，配置合理的工厂系统和发达的全球贸易系统支持着整个工业生产。煤、铁和蒸汽是那个时代标志性的资源。工业革命所引起的变化的规模是空前的，无论是在12 000年前发生的新石器革命使人类首次从采集生活转向食物生产，还是在5 000年前刚进入有文字记载的历史时期发生的城市革命使城市首次出现、人类过上真正的文明生活，都无法与之相比拟。在过去的200年间，全世界几乎每一个地方的人们，其生活的技术基础、经济基础、政治基础和社会基础都发生了变革。这种情况不只是出现在真正的工业社会，也出现在传统的农业社会、仍在过游牧生活的人群和残存的狩猎—采集部落。简而言之，全体人类都受到了工业文明到来的影响。工业化解除了对技术革新和经济增长的约束，也破除了对社会根本变化进程的限制。人们从乡村涌入城市，增加了城市中低收入的工场工人的数量。工场劳动力增加，阶级冲突加剧。家庭已不再是生产的场所，也有了新的劳动分工——通常是男人们去工厂工作，女人们留在家里做家务。伴随着工业化的深入，出现了人口的大迁移，千百万的欧洲人或向西远渡大西洋，或向东前往正在扩张的俄罗斯帝国。移民风愈演愈烈，形成了一阵全球性的移民潮，终于使世界的每一个角落都随之改变。

10 世纪兴起的欧洲工业史，是长期以来不断克服环境限制和压力的一部经济发展和技术革新史。事实上，欧洲的工业化一直是随着认可的增长而进步的，因为人口增加迫使人们设法找到解决资源匮乏的办法。在遭受黑死病 100 年中的多次袭击后，15 世纪中期，英格兰的人口只有 200 万；17 世纪末，已增加到大约 550 万；此后，增长速度加快，18 世纪末就增加到 900 万。在那 350 年间，人口一下子就增加到起初的近 5 倍，对资源产生的压力可想而知。人口所造成的资源短缺，首先就是土地。英格兰当时还是典型的农业社会，土地的用途很多，如用作种植粮食的农田，放牧牛、马和羊的草场，提供木材的森林；此外，新增加的人口为了在城市中找到非农业的谋生手段，城镇也要大力扩张，从而占去大量的土地。在 16 世纪和 17 世纪早期，英国的城镇、贸易和工业一直在迅速发展，但是到了 17 世纪中期，发展突然减缓，出现一个明显的低谷。经济生活是由许多活动环环相扣连接成的一个过程，某一方面出现短缺或受制约，会导致这个系统的崩溃。在 18 世纪，通过技术创新，人们成功地突破了几个方面的制约，英国的经济又以前所未有的高速度增长。炼铁、纺织、采矿和运输这些行业全都在应用新技术以后得到很大改进。这些技术创新的主要作用是为了应付有限的资源及旧的生产方式已无法满足的增加过快的人口压力。工业化进程的背后，始终是增加的人口对英国的经济和生态环境形成的巨大压力。

关于英国的木材短缺。英国从来就没有太多的森林，新石器时代到来以后，数千年积累下来的森林资源由于农田和牧场的侵占，已近枯竭。在近代早期，随着工业化程度的加强，军事和航海的需要使得木材的供应更加紧张。作为海上大国主要工业之一的造船业，其消耗的木材数量惊人。18 世纪初，每建造一艘大型战船要毁掉 4 000 棵树。在美国独立战争前不久，英国有 1/3 的商船已经不得不在美洲建造。炼铁是英国的另一主要工业，熔化铁矿石简直毁掉了全部森林。每一座炼铁炉一年消耗掉的木材相当于要毁掉 4 万平方千米的林地。除了炼铁之外，烤面包、酿酒和制造玻璃同样需要木炭作燃料，依靠的也是木材。所有这些生产领域全部无法用煤作替代燃料，按照当时的生产技术，煤和煤烟会与产品直接接触，煤里含有的杂质会损害产品质量。此外，建筑物内部的取暖和照明烧的也是木材，因为煤火会产生有害烟雾。随着木材越来越紧缺，价格逐渐上升。从1500年到1700年，英国的物价总体涨了5倍，木材的价格上涨了10倍。

炼铁工业极度消耗木材。在17世纪，人们做过种种试验，希望能够用煤作为燃料来融化铁矿石，结果都没有成功。传统的炼铁方法是把燃料与铁矿石混杂在一起，为的是让铁矿石能够达到所需要的温度。如果能够把产品与燃料隔离开来，那么，用煤代替木材就不会有什么问题。1784年，英国发明家科特发明了利用煤把生铁炼成熟铁的“搅炼”工艺——搅动铁水，以提高生产效率。这样，英国的炼铁生产不再需要森林提供燃料，在布局上也就不再受到森林的限制。在18世纪，英国的铁产量从原来的不足25 000吨一下增加了10倍以上。

英国的工业革命是从纺织业开始的。纺织业是自给自足经济社会的核心产业，积累了长期的经验；英国的棉纺工业是17世纪末期建立起来的新兴手工业部门。当时，它不仅面临传统的毛纺织业和从印度进口的优质棉布的竞争，而且有大量出口的需求的拉动。1733年，飞梭问世，使织布效率提高了一倍，纺织技术的落后就凸显出来。在政府多次悬赏的刺激下，1764年珍妮纺纱机问世，不过其依靠的仍然是人力。1769年，阿克莱特发明了水力纺纱机，并且建立了第一个棉纺厂。珍妮纺纱机纺纱精细但强度不够，水力纺纱机纺纱结实但粗糙。1785年，出现了“骡机”，无论在纺纱的速度上还是质量上都极好，很快得到推广。纺纱的技术革新又一次打破了纺与织之间的平衡。1785年，卡特莱特发明水力自动织布机，几经改进，功效提高了40倍。最初的纺纱机和织布机都要依靠水力，因此设厂受到很大限制。蒸汽机发明后，1785年开始应用于纺纱工业，1789年又应用于织布工业，使棉纺织业的动力问题得到解决，使用机器的纺织工场最终代替了旧式的手工纺织厂。

棉纺织生产的机械化，推动了净棉机、梳棉机、自动卷扬机、漂白机、整染机等先后被发明、应用，组成了包含各种工序的机器体系。在此期间，与棉纺织业的生产过程基本相同或相近的一些轻工业如毛纺工业、呢绒工业、麻纺织业以及丝纺织业等，也都在棉纺织业的带动下，逐步采用机器生产的方式，实现了由工场手工业向机器大工业过渡。

机器大工业必须解决动力问题，而水力作为机器的动力受到地区和季节等限制，很不方便。于是，蒸汽机应运而生了。蒸汽机的发明是由煤炭工业的直接需求所引起的。英国的采煤业随着人口的增加而快速发展，但遇到了瓶颈。随着煤业的发展，矿井内越挖越深，矿井就会涌出大量的地下水。从矿井中排除地下水的传统方法是使用各种各样的用畜力推动的抽水机。到17世纪末，迫切需要有一种更有效的动力来推动抽水机以解决积水问题。于是，“火机”便应运而生。1712 年，纽科门发明了第一台实用的蒸汽机。蒸汽机是一项改变了工业发展进程的创新技术。纽科门和他的助手考利偶然发现，把压缩蒸汽通入一个圆筒能够产生局部真空，于是大气压力就可以推动圆筒里的活塞运动。由于纽科门的机器要交替加热和冷却汽缸，效率很低，烧起煤来浪费非常大。他的机器最初主要在煤矿得到广泛使用。但是，耗煤太多限制了这个机器在其他行业的运用。在 18 世纪中期，英国的两位工匠斯密顿和瓦特分别按照不同的思路改进了纽科门的蒸汽机。斯密顿用经验方法，有条不紊、一个个地试验样机，不改动基本设计，只是改变各个零部件的尺寸，就这样把纽科门的蒸汽机的效率提高了一倍。1765 年，瓦特外出散步时，突然想到：把蒸汽压到汽缸外面的另一个容器中去冷却，那么，汽缸在整个循环过程中就可以始终保持是热的。避免了把汽缸交替着一会儿加热一会儿冷却，自然就节约了不少煤。通过与一位机器制造商博尔顿合作生产和销售，很快就获得了成功。他们采用租赁的办法把瓦特蒸汽机送给用户使用，只按照比使用旧的纽科门蒸汽机节约下来的燃煤费用的一定百分比收取租金。由于不受场所的限制，瓦特蒸汽机被广泛应用于各行各业。1800 年，英国已有 500 台瓦特蒸汽机在各地工作。早期的蒸汽机要依靠大气压力，又大又重。因此，通常被工厂用来推动机器；此外，那时的船体够大，也可以用大气蒸汽机来推动。1800 年，英国人特里维西克设计出较小的高压蒸汽机，由于营销不成功，它未能取代矿井和其他工厂里使用的大气蒸汽机。于是，他另辟蹊径，把他的高压蒸汽机用来推动一条环形轨道上开动的机车，招揽喜欢新奇玩意的人乘坐，向他们收费。那时，英国的纺织工业、煤炭工业、炼铁工业等都发生了变革，大量丰富的产品涌出来，需要运输的货物急剧增多。交通运输问题就凸显出来。在陆路用马拉车肯定解决不了运输问题，为此，就想要依靠水运解决问题，英国便开始大规模修建运河。1760 年到 1830 年，是英国运河事业的全盛时期。内河航运体系对英国的工业化起了至关重要的作用，并与海上贸易一起直接刺激了英国的造船业。1814 年，英国工程师斯蒂芬森推出了第一台蒸汽机车。早期，铁路只是从煤矿短途拉煤，直到 1830 年，才迎来了铁路时代，出现了第一条面向公众的把利物浦和曼彻斯特连接起来的铁路线。就这样，兴起了铁路热，铁路网开始遍布世界各地。货物除了公路运输、水运外，又有了更便利的铁路运输方式。此外，铁路运输的发展，促进了钢铁工业的发展。铁路运输完全采用了机械力，省时、省力，能运输大量笨重的货物，又一次使人类在一定程度上摆脱了自然的限制。

产业部门的机械化，带来了机械需求量的急剧增加，手工制造已无法满足需求，这就需要通过工作母机加以解决，即由机器来制造机器，使生产机器的过程实现机械化，这就促进了工作母机的发明和运用。18 世纪末期，工具制造的精密度和准确度不断提高，人们已经能够解决金属切割机械化的问题。1835 年，车床基本上趋于完善。此后，一系列其他金属加工机相继问世。到 19 世纪前半期，在英国已经能够制造各种车床、铣床、水平平面刨床、钻床等工作母机，同时还发明了带车刀和导轨的车床。19 世纪中叶，机器已能成批生产，用机器制造机器的新工业部门——机械制造业诞生了。这是第一次工业革命完成的主要标志。

从 18 世纪 60 年代开始到 19 世纪三四十年代的第一次工业革命在英国基本完成。工业革命引起了工业生产热情的高涨，劳动生产率得到了空前的提高。在 1770—1840 年的 70 年间，英国工人的劳动生产率平均提高了近 20 倍。如果以 1791 年的工业生产为 100，则 1801 年为 134.4，1811 年为 168.2，1821 年为 219.2，1831 年为 305.6，1841 年达到了 425.1。从英国兴起的近代工业，经过法国、德国、美国、日本等国家的发展，在世界范围内确立了工厂制度。

19 世纪末 20 世纪初，发生了第二次工业革命。通过电气化、石油化、钢铁化基本建立起了现代工业技术体系的框架。在第二次工业革命过程中，动力机械由蒸汽机发展到电力和内燃机，电力的广泛使用使工业和社会都进入了一个新的时期。随着发动机、电动机、变压器、输电线路、电报、电话、有轨电车、电力机械、电影、无线通信、磁带录音机等一系列电气产品的问世，人类进入了一个与蒸汽时代截然不同的电气时代。主要兴起的是电力工业、通信工业、石油工业、汽车工业、化学工业等。电力、石油和钢铁以及化学物质进入到人类的物质生活中，更加彻底地改变了人类生活的方方面面。

20 世纪中叶，第二次世界大战结束后，以微电子、新材料、新能源、生物工程、航天技术、海洋技术等为代表的第三次工业革命发生了。

第二节　启蒙运动与社会科学的兴起

一、启蒙运动的兴起

16、17 世纪的科学革命使人们接受了世界的机械图景。其主要内容是：原子是宇宙之砖，世间万事万物都是由原子组成的；原子按照牛顿力学规律在绝对时空中运动，时间、空间只是原子运动的舞台，对原子的运动并没有影响；既然世间万事万物都是由原子所组成，而原子仅作机械运动，因此，整个自然就是一架巨大的机器；世上一切事物都是原子作机械运动的表现，机械运动遵循牛顿的力学规律，因此整个世界是确定的，遵守拉普拉斯决定论。拉普拉斯的决定论是，我们应该认为宇宙的现时状态是它先前状态的结果，未来状态的原因。如果有一个神灵，他能够知道推动自然的所有的力，以及组成自然的所有物体在某一瞬间的状态，那么对于他，就一切都确定无疑了；未来正如过去一样尽收眼底了。毫无疑问，力学取得了前所未有的成功，力学取得的成功使理性、规律等字眼深入人心。与此同时，法国出现了一批著作家，他们著书立说，宣扬理性是衡量一切事物的尺度和准绳，需要由理性的力量来支配人类生活的一切方面，进而开启了启蒙运动。人们开始对人类的本性、彼此之间的关系、人类与各种精神力量的关系以及人类自身所创造并生活于期间的社会制度进行理智的反思。

二、社会科学的提出

1774 年，杜尔哥（Anne Robert Jacques Turgot，1721—1781）——即为《百科全书》写了题为“膨胀性”的文章的重农学派代表人物——成为法国新国王路易十六的总理大臣。这是第一次由一位启蒙思想家担任王国中最重要的内阁大臣。此时，法国遭受的财政危机已经发展到非常严重的程度，它实际上演变为社会危机：僧侣、贵族和最高法院猜忌地保护着他们的特权，王国的税制不可能使国王从真正的财富中征收到税款。当杜尔哥就职时，他就国内的各种问题向国王进言：

“陛下，邪恶的原因可追溯到这样的事实：您的国家……是这样一个社会，它由糟糕地联合起来的不同等级组成，其中人们之间的社会联系极少。因此，每个人都只想着自己特别的利益，几乎没有人想着要完成他的义务或知道他与其他人的关系。随之而来的是一场持续的、理性和相互理解完全调节不了的对立观点之间的冲突。”①

杜尔哥的解决办法是使社会和政治体制理性化。这种理性化不是根据历史的权利和利益，而是根据自然的权利，从而发展一种建立在理性和经验基础上的新的客观的社会科学。他论证说：“这些权利和利益并不是很多的。因此，建立在我们每个人内心怀有的正义原则和我们自己内在的感觉信念基础

---

① 托马斯·L．汉金斯．科学与启蒙运动．任定成，张爱珍译．上海：复旦大学出版社，2000．163～164．

上的这门科学，具有很大的确定性，但范围一点也不广大。它并不需要努力的长期研究，也不超越任何人的美好愿望的能力。"①

杜尔哥的建议部分原因是他和他的朋友德孔多塞侯爵（Marquis de Condorcet）相信新的社会科学应该是经验的和定量的（也正是杜尔哥、孔多塞和他们的自由主义学派首先使用了"社会科学"这个术语）；还有部分原因是顺应当时的时代要求，经历了17世纪物理学的综合和工业革命，以及18世纪如火如荼的理性启蒙运动，欧洲的社会结构和智力环境发生了巨大的变化，进步和变革成为政治决策者和社会思想家最为关心的问题，封建保守势力和工商业资产阶级对社会制度的变革呈现出截然不同的态度。

社会科学的创建是启蒙思想家改革社会计划的重要组成部分，他们想要发现社会应该由之支配的规律（而不是实际上它遵循的规律）。这期间的一些代表著作有休谟的《人性论》（1739）、孟德斯鸠的《论法的精神》（1748）、狄德罗的《盲人通信》（1749）、孔迪亚克的《论系统》（1749）、杜尔哥的《人类精神连续进步演讲集》（1750）、卢梭的《论科学和艺术》（1750）、伏尔泰的《路易十四的时代》（1751）以及狄德罗和达朗贝尔主编的《百科全书》。这些启蒙思想家都相信人类的行动应该由自然而不是由摘自《圣经》的规则所控制；同时他们也相信，自然科学为人性的运作提供了远见卓识。然而，此时社会科学这种知识形式还缺乏内在凝聚性，社会科学内部区分模糊，更无法结成统一的联盟。比如，狄德罗、达朗贝尔、孔迪亚克和卢梭在巴黎是亲密的朋友，但在18世纪末全都走上了不同的道路：达朗贝尔和孔迪亚克忠诚于建立在数学和定量的实验基础上的科学，狄德罗走向了物力论的唯物主义，卢梭创建了浪漫主义。因此，这一时期，基本还没有将社会科学与自然科学的区分作为研究的主题，社会科学的性质和范围还不十分明确。

三、大学的复兴与知识的学科化和专业化

启蒙运动，因孔多塞的死亡而结束②，但是启蒙运动的思想并没有随着他的死亡而死亡。当欧洲从革命时代走出来时，欧洲思想家开始认识到，世界上存在着多种多样的社会体制，对其形态各异的特色应当加以解释。正是在这个背景下，大学在18世纪末19世纪初得到了复兴，成为创造知识的主要制度性场所。无论是文科领域的从业者，还是自然科学领域的从业者都纷纷

---

① 托马斯·L．汉金斯．科学与启蒙运动．任定成，张爱珍译．上海：复旦大学出版社，2000.164.

② 托马斯·L．汉金斯．科学与启蒙运动．任定成，张爱珍译．上海：复旦大学出版社，2000.197.

涌入大学，并在那里建立起多元化的自律学科结构。① 知识的学科化和专业化拉开了19世纪科学思想史的序幕。

多元学科的创立乃是基于这样一个信念：由于现实被合理地分成了一些不同的知识群，因此系统化研究便要求研究者掌握专门的技能，并借助于这些技能去集中应对多种多样、各自独立的现实领域。这种合理的划分保证是有效率的，也就是说，具有思想上的创造性。② 自然科学的这种划分早在大学复兴之前就已经确立了，并且在17、18世纪获得了社会和政治上的支持。大学的复兴改变了这种状况，自然科学家们遇到了大量的竞争对手，社会科学家和人文科学家也利用大学作为一种手段来获得国家对其学术工作的支持。从这时起，大学就成为人文社会科学和自然科学之间持续紧张的主要场所；人文科学和自然科学被界定为完全不同的认识方式。人文科学中哲学的地位最高，然而在大学系统中，哲学被挤到越来越小的角落，科学（物理学）则到处受到顶礼膜拜③。社会科学介于其间，汲取两大认识领域的营养之时，也不忘确立社会科学领域的独立自主性。

欧洲许多国家，尤其是英国和法国，经历了政治和社会的巨大变革，社会科学迫切需要被赋予一种合法性：不但要把其理论看作是有关社会生活秩序的假设性理论，而且要求其建立在一个牢固的基础上，以指导组织社会秩序。基于这样的要求，许多社会科学的奠基者得出结论：社会科学越实证越好，越精确越好。其效法的楷模就是以实证为特征的自然科学。

科学权威的一个主要源泉是物理学，社会物理学这个18世纪曾经提出的概念被孔德再次提起；19世纪70年代边际经济学家利用来自物理学的力学类比，构建了一个作为市场选择之自我平衡系统的经济学观点，以此为核心形成了一个貌似科学的经济学学科。

然而社会科学无法达到物理学的确实性，因而另一个重要源泉成为社会科学诸学科建立的基础，那就是进化的生物学。达尔文的理论使人类是一种主动适应环境的动物的观点和社会是一种具有相互适应结构和功能需要的有机体的观点显得貌似合理。因此，适应的模式、功能的模式、有机的模式和进化的模式，在心理学、社会学和人类学中获得新的合法性。人类学家的“比较方法”把民族和种族、风俗与神话放在一个巨大的进化坐标系中，并把

---

① 华勒斯坦等. 开放社会科学：重建社会科学报告书. 刘锋译. 北京：生活·读书·新知三联书店，1997. 8.

② 华勒斯坦等. 开放社会科学：重建社会科学报告书. 刘锋译. 北京：生活·读书·新知三联书店，1997. 9.

③ 华勒斯坦等. 开放社会科学：重建社会科学报告书. 刘锋译. 北京：生活·读书·新知三联书店，1997. 12.

它们固定在一个单一的进化过程的诸阶段。进化的观点为使用以欧洲为中心的等级标准来评价由工业化和帝国主义创造的世界，及其种族、阶级和性别的不平等，并用这种标准提供了一门技术。地理学又依次利用制图学和地球科学为西方霸权构建了一个全球的空间坐标。① 值得注意的是，这一学科专业分化的进程发生于何处。

19 世纪，社会科学研究主要集中在五个地区：英国、法国、德国、意大利半岛诸国以及美国。大多数学者、大多数大学都汇集于这五个地区。大学保障了学者间的交流和学习，也为学者提供了研究场所和经费支持，研究主题和学科的划分在大学系统中逐渐有了广泛的趋同和共识。在社会科学领域里，率先取得自律的制度化形态的学科实际上是历史学。历史学当然是一门古已有之的学问。对过去的叙述，尤其是对本民族过去的叙述，乃是知识领域里的一项人所熟知的活动，帝王传记式的历史一直受到当权者的鼓励。19 世纪发展起来的新型历史“学科”的显著特点是，它严格地强调应该去探明实际发生的事情。19 世纪，出现了经济学科，它有时被放在法学院，但是经常都被放在哲学院。经济行为反映的是一种个体主义心理学，而不是以社会的形式建构起来的各种制度；据此又可以进一步断定自由放任原则是符合自然的。正当经济学逐渐地成为大学里的一门常规学科——它面向现时，侧重于研究普遍规律时，社会学出现了。当时的一些社会改革协会所从事的工作在大学里得到了制度化，并且经历了一次转变。迄今为止，这些协会的首要任务就是去处理由于城市工人阶级人口的激增而引起的不满和骚乱。通过把他们的工作移进大学校园里，社会改革者在很大程度上放弃了他们针对立法而进行的积极的、直接的游说活动。社会学家开始培养一种实证主义信仰，这种信仰与他们所秉持的现时取向结合在一起，便把他们也推到了注重研究普遍规律的学科阵营里。政治学作为一门学科出现得更晚一些，之所以如此，并不是因为它的研究对象——现代国家及其政治——不大适合于以探寻普遍规律为旨趣的分析，而主要是因为大学的法学院拒绝放弃它们在这个领域里的垄断权。政治学作为一门独立的学科，实现了更进一步的目标：它把经济学也合法化为一门独立的学科。那时，政治经济学作为一个研究主题已经遭到贬斥，因为人们提出这样一个论点：国家和市场是按照而且也应该按照各自不同的逻辑来运行。为了确保它的延续性，从长远来看，这就必然要求建立一个独立的学科来对政治领域进行科学研究。历史学、经济学、社会学和政治学合演了一首四重奏，它们在 19 世纪逐渐成为大学里的一些学科。经济

---

① 波特，罗斯. 剑桥科学史（第七卷）：现代社会科学. 郑州：大象出版社，2008. 180.

学、社会学、政治学、人类学和东方学逐渐成为大学里的一些学科（不过历史学是否归于社会科学尚存许多争论）。每一门学科都试图对它与其他学科之间的差异进行界定，尤其是要说明它与那些在社会现实研究方面内容最相近的学科之间究竟有何分别。

经济学家、政治学家和社会学家以探寻普遍法则为己任，但是也为他们各自的学科领域划定了范围。经济学家坚持其他条件均相同（ceteris paribus）假设的有效性，以便去研究市场的运行机制；政治学家仅仅关注政府的结构；社会学家则着重研究市民社会。人类学家对世界其他民族的与西方截然不同的社会组织形态进行了重构，他们要论证这些社会组织形态的合理性。东方学家则研究、解释和翻译大量西方以外的“高级”文明地区的文献。相比于人类学和东方学这些比较文明研究，经济学、政治学和社会学致力于对他们所在的国家的社会现实进行描述和研究。

按照社会科学家的假设，人类生活必须要通过一组空间结构来加以组织，而这些空间结构便是共同界定世界政治地图的主权领土。几乎所有的社会科学家都认为，这些政治疆界确定了市民社会、国民经济、国家政府之间的互动。因而，在政治、经济和社会过程之间存在着基本的空间一致性。在这个意义上，社会科学很大程度上是以国家的疆界来作为最重要的社会容器。因而，社会学、经济学和政治学构成了一个以国家为中轴的三一体，从而巩固了它们作为核心社会科学的地位。

综上所述，在1850—1945年间，人们对一系列的学科进行了界定，这些学科共同构成了一个可以用“社会科学”名之的知识领域。实现这一点的步骤是，首先在主要大学里设立一些首席讲座职位，然后再建立一些系来开设有关的课程，学生在完成课业后可以取得该学科的学位。训练的制度化伴随而来的是研究的制度化——创办各学科的专业期刊，按学科建立各种学会，建立按学科分类的图书收藏制度。随着学科结构的建立，围绕着研究、分析和训练，产生了大量我们今天视为现代社会科学的文献。

延伸阅读

1. 麦克莱伦第三，哈罗德·多恩. 世界史上的科学技术. 王鸣阳译. 上海：上海科技教育出版社，2003.

2. 艾伦. 近代英国工业革命揭秘——放眼全球的深度透视. 毛立坤译. 杭州：浙江大学出版社，2012.

3. 吴国盛. 科学的历程. 北京：北京大学出版社，2002.

4. 华勒斯坦等. 开放社会科学：重建社会科学报告书. 刘锋译. 北京：生活·读书·新知三联书店，1997.

5. 哈斯金斯. 大学的兴起. 张堂会，朱涛译. 北京：北京出版集团公司，北京出版社，2007.

思考题

1. 英国的工业革命从哪个部门开始？这个部门出现了哪些重要技术发明？
2. 工业革命对人们的生活产生了巨大的影响，主要体现在哪些方面？
3. 试述启蒙运动对社会科学的影响。
4. 自然科学对于社会科学的建制化有什么影响？

第六章　19世纪的生命科学

……有关物种起源的类似观点，一旦被普遍地采纳以后，我们就可以隐约地预见到在自然史中将会引起重大的革命。

——达尔文《物种起源》

18世纪以前，人们普遍认为物种是不变的。18世纪中叶之后，随着地质学、比较解剖学等学科的发展，人们逐渐接受了生物进化的观念。

在18世纪，人们接受自然神学，依然普遍持有一种信念：研究在自然界中看到的那些巧妙安排，就能更好地了解它的设计者——上帝，更能体会到他对人类的仁慈和对人类需要的慷慨。正如佩利的《自然神学》一书所写，在路边见到一块怀表意味着肯定存在一位钟表匠；见到一只甲壳虫或蝴蝶，它们比怀表不知要复杂多少倍，构造的目的性也不知要强多少倍，那当然就意味着存在一位造物主。神学家兼博物学家约翰·雷在《上帝在创世中的智慧》一书中曾说过，哪怕一只虱子身上也凝聚着上帝的智慧。仔细观察虱子就会发现，它细长的足上长着倒刺，因而能攀附在头发上。这就是上帝赋予它的生存技能。自然界的一切，花草树木鸟虫鱼兽的存在都预示着上帝的存在。在18世纪的人看来，自然界是一个由上帝创造的完善而稳定不变的世界。瑞典植物学家林奈1735年出版的《自然系统》一书，提出了后被作为生物命名标准的"双名法"对动植物进行命名，即我们所熟知的属+种差，指明它所在大类及它独有的特征。这种分类法使用起来很方便，动物和植物都被归为种、属、目、纲和界等不同的分类级别。但它确认了物种不变。由于世界上生物的多样性，当时许多博物学家都批评林奈的分类系统，并警告他建立统一的分类系统是不可能的。研究和命名了成千上万动植物后，林奈发现他并没有发现真正的自然规律。在公开发表的著作中，他都接受"上帝创造了所有的物种，物种的数目和上帝当初创造出的各种形式的数目是相同的"这一观点。私下里，他却表达了对物种稳定性的怀疑。他发现，上帝创造的真正的物种与花匠和动物饲养者都知道的变种之间，常有一些显著的区别，这些差别使他感到迷惑不解。因而对种和种内的变种之间是否存在明确的界线持怀疑态度。法国博物学家、皇家植物园园长布丰出版了非常畅销的44卷《自然史》，指出物种是自然界中客观的和基本的事实。但是随着研究的深入，他发现存在着不完善的、没有用处的和退化的器官，这使他开始怀疑物种不变的观点。如果所有的物种在创世时就已经完善地设计过的话，那么这些器官怎么还会存在呢？

提到进化论，就不得不提法国博物学家拉马克。拉马克家中有11个孩子，他是最小的。他的哥哥们相继去世，他成了家中唯一的孩子。他结过四次婚，但四个妻子相继去世，他也看着自己的大部分孩子离开人世。拉马克16岁参军，22岁因疾病退伍，退伍后开始学习医学、植物学。1793年皇家花园改名为国家自然博物馆，拉马克被任命为动物学教授。他是一位卓有成就的科学家，却一直过着孤独而贫困的生活，1817年他双目失明，不得不放弃教授职位，去世后，他被埋在一个贫民的墓地。无论林奈还是布丰都只是怀疑物种不变的观点，并未涉及物种变化的机制。拉马克比他们走得更远，他提出了物种变化的机制，即提出了获得性遗传的思想。根据拉马克的观点，随着地球的长期演化，地质和气候的改变将对动植物的生活产生影响，即一个有机体是通过努力适应它周围不断变化的环境而改变自身的，这种改变可以一代代传下去，从而形成新的物种。在拉马克的《动物学哲学》一书中，他认为，进化是一种基本的、天生的因素，即生物具有一种朝着增加结构复杂性方向进化的趋势，并且将这些增加的复杂的结构遗传给下一代。自然产生了最低级的生命——蠕虫和纤毛虫，这些生物生来就具有一种内在的向更高级生物进化的趋势。如果环境稳定，天生的因素将促使其朝着增加结构复杂性的方向进化。当环境改变时，动物就会被迫作出新的努力，并最终产生结构上的变化。经常使用身体的某一部分会导致该部分体积的相应增大，这种由于经常使用而导致的体积、力量和结构上的变化将遗传给下一代。查尔斯·达尔文的祖父伊拉兹马斯·达尔文是“太阴社”的杰出天才社员，他对植物学、动物学、生理学和医学问题有广泛的研究，他提出了一种物种变化理论。他认为所有的生物都是从某个原始的细丝繁衍来的，这一细丝具有获得新的部分和新的特性的能力。这些新的生物在各种刺激的作用下不断改进，并且通过繁殖把这些改进一代一代地传下去。在18世纪，知识界流传着一种观点，有机界在变化。这些观点都要求地球有古老的历史，因为，如果每一次变化都是非常微小的，就只有在非常长的时间跨度里才可能进化出自然界所呈现出来的多样性。当时，关于地球的年龄，普遍接受的是《圣经》上的说法，不过是几千年而已。

地质学、比较解剖学等学科的发展提供了越来越多的证据，它们与传统关于地球的年龄的观点不符。有一些化石埋在非常古老的岩石中，还有一些化石甚至出现在不可思议的地层里。例如，在海拔很高的地方竟然发现了海洋生物化石，而那些地方又远离任何水域，这就意味着地球表面曾经经历过剧烈变动，而这则需要极其漫长的时间。当时对化石的看法是，这些与动植物体很相似的东西是自然界游戏的结果，是大自然变幻莫测的活动造成的一种艺术品。早期，由于化石数量少而且不完整，质量也很差，要理解化石的含义也就有难度。在 1800 年前后，发现了大型脊椎动物的化石，且得到确认。此外，法国杰出的比较解剖学家居维叶提出了相关理论，即生物形态和功能之间存在联系，并运用它对化石进行分析。居维叶运用比较解剖学的方法，将现存的小块化石复原出未知动物的形态和功能。这些工作揭示出生物灭绝的事实。如何把这些新的证据与关于地球的年龄的信念协调起来，居维叶提出了灾变说。在不同的地质地层中，存在着明显的标志线索；在某些地区，地层排列得颠倒和不规则；在某些地层中，化石特别多。这些都证明了曾经发生过生物体的大量死亡和地球表面结构的迅速变化。他用一系列的灾变，如洪水、大火和火山喷发，解释在地质和化石中突然间断的现象。居维叶的灾变说不否认有过生物灭绝的现象，且承认生物随时间的累进而发生变化，但不承认有任何基本构造的变化，即物种依然是不变的。他还保留了传统的关于地球年龄的看法。1795 年，苏格兰地质学家赫顿出版《地球理论》，他阐明了地质学的两条主要原则：地质循环论和均变说，即地质学家必须以现在还在活动的地质过程来解释地球的历史。观察到热、压力和水都持续地对地球的形成起着重要的作用，赫顿假设地球目前的形态一定是无限长久的相同变化的结果。有两种力一直在一点一滴地改变着世界的面貌，一个是由重力所引起的夷平趋向，另一个是由地球内部的热量所引起的抬升趋向。赫顿把地球看作一个在不断更新的机器，是巨大的宇宙机器的一部分，按一定的规律活动。地球“既无开端的迹象，也无终止的苗头”。后来，地质学家赖尔出版了三卷本的《地质学原理》，支持了赫顿的均变说。他认为，地质资料应该用那些直到现在还在作用于地球的力量来解释。地球的物理面貌是今天所能观察到的那种缓慢而连续不停的地质过程在非常漫长的时间里累积变化的结果，而不是灾变引起的。但赖尔并没有把这个观点扩展到生物体的自然和历史进程中去。他认为每个物种都以某种方式被创造得适合于它特有的小环境，他既不相信物种会变化，也不相信物种会适应变化了的环境。

物种变化和地质均变的提出，就引出了问题：物种变化的假说是否适用于人类呢？人类是低等动物缓慢地持续变化的产物吗？

1809年，达尔文出身于名门。前面提及的达尔文的祖父伊拉兹马斯·达尔文是当时的名人——英国著名的医生、皇家学会会员、哲学家、早期进化论的提出者。父亲也是皇家学会会员，是当地的名医。母亲娘家的工厂生产的韦奇伍德陶瓷举世闻名。家境殷实的达尔文自小受到娇宠，无人管束，十分顽皮，经常捣蛋。在小学、中学的表现平平，他对课堂上讲的东西毫无兴趣，喜欢打猎、养狗、掏鸟窝、钓鱼，收集各种各样稀奇古怪的东西。他的父亲对他很失望，认为他“除了打猎、养狗、捉老鼠以外，什么都不操心”。1825年，达尔文到爱丁堡大学学医，经常与朋友们一起讨论生物学或博物学方面的问题，还时不时出去采集标本。在那待了两年，他对解剖学之类的课程感到厌烦，出血使他感到不舒服，看到一些不进行麻醉和消毒就进行的手术，认为医生职业是个“兽性的职业”，对当医生无甚兴趣。于是准备以后当一名牧师，进入了剑桥大学学习神学。在剑桥大学别有收获，其间对他影响最大的是剑桥的植物学老师亨斯洛，老师经常给他讲解各种各样的知识，从植物学、昆虫到化学、矿物学、地质学等，达尔文接受了正规的博物学家的训练，学会了如何鉴定植物以及记录植物的结构特征。另一位影响达尔文的是地质学家塞奇威克，他常常带达尔文去考察地质。在剑桥大学时，他专注于收集昆虫。1831年，达尔文从剑桥大学毕业，正好英国派出“贝格尔号”军舰去南美作远洋考察，需要一名随行的博物学家，剑桥大学的亨斯罗教授推荐了达尔文。达尔文的父亲反对这个浪费时间的计划，他说如果有“任何一个有普通常识的人”支持他儿子的奇怪意见的话，他就改变自己的主张。幸好，达尔文的舅舅说服了他的爸爸。此外，船长罗伊对颅相学很感兴趣，认为达尔文的鼻子的形状表明他是一个缺乏精力的人。还好，当时没有更合适的人选。就这样，达尔文大学毕业后，1831年12月，随着军舰“贝格尔号”出发对南美进行考察，历时五年，1836年10月返回。这次考察影响了达尔文的一生，改变了达尔文，改变了科学世界，《物种起源》的第一句话就反映了这次经历：“南美洲物种的分布、不同地区间生物的地质关系和化石的形成都似乎是神秘而又神秘的物种起源问题的曙光。”

达尔文在考察中看到了什么呢？在航海考察期间，达尔文采集了很多地质的、植物的和动物的标本，其中有三件事令他印象深刻：一是在南美洲大草原的岩层中发现了带甲的巨大的动物化石，它的甲壳很像现存的犰狳的甲壳。二是南美大陆上的动物，其形态自北向南发生细微的变化，如相近却又不同种的鸟类的鸣叫声、鸟巢的构造、鸟蛋的形状等就会有这种变化，具有物种随地域分布而变化的明显规律性，有亲缘关系的物种总是分布在邻近的地域，两地距离越远，物种的差异越大。三是在南美洲西海岸的加拉帕戈斯群岛上的大部分生物都与大陆上的类似，但各岛又各有自己特有的物种，即使同一物种，各岛也呈现出微小的差异。例如有一群燕雀，它们之间十分相似，但由于某一器官特征而被划分为 14 个亚种，这些亚种分布在不同的岛上，而且在世界其他地方似乎也不存在，这是令人惊异的。在考察时，达尔文发现，佛得角群岛与加拉帕戈斯群岛在地理环境上极为相似，照理说它们应该有相似的生物群落，但事实却并非如此，这两个岛上的生物类群大相径庭：前者与非洲大陆上的生物类群相似，后者与美洲大陆上的生物类群相似。达尔文觉得，在考察中所看到的现象似乎太表面，生物物种会随着空间及时间的变化而发生相应的变化。物种的巨大丰富性和连续性，使他对上帝创世说开始产生怀疑，转而开始接受生物渐变的思想。如果物种随地理环境而变化，那么每一个物种都有一个原产地，而稍稍相异的物种依然有相似性，这或许是由于它们出自于原产地的同一个祖先。

进化是否发生过和进化是如何发生的这两个问题是不同的。五年的航海考察无疑使达尔文深信物种是变化的，那么这些变化是如何发生的呢？达尔文航海回来后就致力于解决这个问题。达尔文回国后便开始收集动物和植物在家养状况下发生变异的材料。在研究工作中，他发现，在创造作物和家畜的品种方面，新品种之所以能适应人类的需要，关键在于选择。如狗的祖先是野狼。野狼凶残，狗善于察言观色，也许人类早期选择了狼群中善于与人亲热的个体，将这样的个体留在家中，经过不断选择、交配，就有了今天的狗。这就是人工选择的过程。那么自然界是否也存在选择呢？在思考这个问题时，1838 年 9 月，他为了消遣而读马尔萨斯的《人口论》，被“生物间的斗争既可以导致消极的后果，也可以产生‘积极’作用”所吸引。马尔萨斯认为，人口按几何级数增长，人口在不加以抑制的情况下每 25 年按 1、2、4、8、16、32、64……的顺序增加，土地及其产品间的关系是固定的，因而食物的供应只能按算术级数即 1、2、3、4、5……依次增加。根据这一计算，人口和食物的比例在 200 年内就会达到 156/9，在 300 年内将会高达 4 096/13。显然，人口的增长势头比食物的增长势头要快得多，那么为争夺资源而展开的竞争将会越来越激烈。在这种竞争中，谁更敏捷、更强壮、更顽强、更聪明，谁就最有可能存活下来并繁衍后代。达尔文由此观点想到了“物种竞争”，只不过马尔萨斯把它用于分析社会变化，达尔文把它用于分析植物和动物。由于生物界存在着大量的变异和巨大的繁殖力，不同的变种对生存斗争有不同的适应能力，因此自然对所有的变种都进行了选择，并且让最适应的生存下来。这些幸存下来的变种留下的后代最多；如果他们的后代遗传了他们最有利的变化，那么他们以及他们的后代将在今后的生存斗争中更为有利。如某棵树比相邻的树长得更高，它就能获得更充足的阳光，可能就会有更多的机会生存下来；奔跑速度慢的羊更有可能落入虎口，或是没有本领捕捉到猎物的老虎更有可能被饿死。这就是自然状态下物种面临的“选择”，即自然选择。在自然选择的考验之下，适者生存，不适者淘汰。当然，自然选择有一个重要的前提，即个体是存在差异的。此外，这种差异是可以遗传的。由此就可得到达尔文对进化是如何发生的问题的回答：生物体的生殖繁衍能力非常发达，自然环境所提供的资源远远不能满足这些个体的需求，生存斗争在所难免，有差异的个体中略具优势性状的个体更有可能获得有限的资源，获得生存机会。这一过程反复进行，从而造就了众多适应性状的出现，当这些性状积累到一定程度，一个新的物种就诞生了。

达尔文意识到他的发现的重要性，于 1842 年写了一个简短的大纲，于 1844 年写了较详细的手稿，但他对于是否公开发表他的著作犹豫不决，他还没有确切的证据可以证明，按照他的理论一个物种肯定能转变为另一个物种。达尔文在 1838 年就有了自然选择的想法，但 20 年之后才公开发表他的观点。1859 年，达尔文公开出版了《物种起源》一书，全书分为三个部分：第一部分是进化理论的总体轮廓。先讨论动植物在家养条件下如何通过人工选择形成多种多样的不同品种。以此类推，在自然条件下，在相当长的时间里，动植物就会形成不同的物种。其理论的基本要点是变异、生存斗争和自然选择。第二部分达尔文对几个问题进行了回答，如没有上帝的设计，仅靠自然选择，如何能够造出如蚂蚁、蜜蜂等的完美器官？第三部分举出用特创论难以解释的一些问题，而进化论对它的解释却易如反掌。如对于动物身上器官的退化特性，动植物的地理分布，不同地层中的化石分布等。在这本书中，达尔文并未涉及人类的起源问题，只是有一句话“人和人类的历史起源将被光明照亮”。达尔文的理论公开发表之后受到了来自科学界和宗教界的批评。主要集中在以下几个方面：一是关于地球的年龄，达尔文理论中的进化需要漫长的时间，需要若干亿年甚至几十亿年。当时的物理学根据已知的太阳辐射冷却和推测的太阳燃烧计算出的地球年龄约为一亿年。二是达尔文只看到了变异是如何产生并在后来的某一代群体中稳定下来，但变异是如何遗传下去的呢？即一个更能适应环境的个体怎么能够把它的那些优良特性传遍整个群落呢？达尔文的回答是，遗传是一个混合过程，就像把两种颜料混合在一起形成一种中间色。这样达尔文的理论就有融合遗传问题：新的小小的变异均会在与正常个体的交配中完全淹没。三是缺乏理论所需的物种之间过渡生物形式的证据。达尔文的《物种起源》第一版刚面世，就招来了强烈的反对。1860年，在牛津召开的英国科学促进会的一次会议上，牛津的圣公会主教维尔伯福斯就攻击达尔文："达尔文先生要我们相信的是，每一头四足兽、每一条爬虫、每一条鱼、每一棵树、每一只苍蝇、真菌全都是第一个会呼吸的生命原生质细胞传下来的，这简直就是在否认神的意志的干预的存在。"赫胥黎积极为进化论辩护，主教诘问："请问赫胥黎教授，您是通过祖父还是通过祖母接受猴子的血统的？"当然，主教也确实抓住了达尔文理论的软肋。这个问题的回答需要等到奥地利修道士孟德尔的出现。孟德尔指出，遗传不是一个混合过程，而是把各个性状保留在一个一个的单元（即基因）里，并能够一代一代向下传。既然植物的性状不会在遗传中因混合而消失，那么遗传就有可能把某一优良性状一直保存下来，并最终传遍整个群落。1900 年以前，孟德尔的发现和论文并没有引起科学界的重视。所以，达尔文的通过自然选择的进化论也就没有得到整个科学界的认可。19 世纪末 20 世纪初，元素放射性被发现，物理学界所估计的地球的年龄增加了。再后来，一些化石被陆陆续续地发现，如南方古猿化石。20 世纪初，有几位研究者又几乎同时发现了孟德尔的微粒遗传定律。1900 年，德弗里斯建立了突变理论。20 世纪 20 年代，摩尔根的果蝇实验证实了孟德尔的遗传理论和染色体是遗传特征载体。英国的一些科学家利用数学方法证明，一个个体在得到了有利于生存斗争的某种优良特性的单个变异后，只要有足够的时间，那种变异就能够变成这个种群的特征。20 世纪 40 年代，科学家推断遗传的物质基础是细胞核里的 DNA，即脱氧核糖核酸。1953 年，沃森和克里克提出了 DNA 的双螺旋结构。至此，达尔文的进化论为学界所认可。

1882 年，达尔文逝世，被安葬在威斯敏斯特大教堂，其邻居是牛顿。

19 世纪，生物科学其他分支，如细菌学和生理学取得的成就比起进化论来说，已经对人类的生活和健康产生了更大的作用，但是就对人类思想产生的影响来说，没有一门学科能和进化论相提并论。其中，社会达尔文主义就是将达尔文的思想应用到人类社会以及文化和文明进化中去，认为既然目前的状态是自然界长期进化的产物，那么现存的带有种族、阶级和性别分配等级的社会状态是无法避免的。因此人类种族中"较低级"的人必须忍受当前的苦难，因为这是不可抗拒的自然规律活动的结果。努力改善目前的状况是枉费心机的，是对自然过程和自然规律的作用的干涉。英国的社会学家斯宾塞把达尔文的学说运用到社会历史领域，认为所有宇宙、进化、生物、社会、经济和文化的进程都是在逐渐地并且不可避免地向前发展。发展不是偶然的，也不受人的意志所控制。因而人类社会也像自然界一样，存在着生存竞争。在竞争中，强者生存下来，而弱者则被淘汰，只有这样，社会才能进步。这就是我们耳熟能详的“弱肉强食，优胜劣汰”。它为种族歧视、种族灭绝的战争的发动提供了辩护，人类所应具有的怜悯、博爱、同情全部不复存在。达尔文学说的运用能否跨出生物学的界线，一直是有争议的。社会达尔文主义使得“进化”一词深入人心，进化论成为一股社会思潮。自 1859 年达尔文出版《物种起源》后，人们眼中的世界已经焕然一新，人竟然和兽也许有共同的起源。

延伸阅读

1. 达尔文. 物种起源. 叶笃庄，方宗熙，周建人译 . 北京：商务印书馆，1995.

2. 吴国盛. 科学的历程. 北京：北京大学出版社，2002.

3. 迈尔. 什么是进化. 吴国盛主编. 大学科学读本 . 桂林：广西师范大学出版社，2004.

4. 古尔德. 进化的艰苦历程. 吴国盛主编 . 大学科学读本 . 桂林：广西师范大学出版社，2004.

思考题

1. 达尔文进化论提出的过程是怎样的?
2. 达尔文的进化论提出后，面临哪些问题?
3. 试述达尔文进化论所产生的影响。

现代篇

19 世纪理论科学的巅峰状态以及其中隐含的危机以物理学最为典型。相对论和量子力学引领了 20 世纪的物理学革命，并且以这场物理学革命为先导，天文学、地质学和生命科学领域均发生了重大的理论变革。粒子物理学中的夸克模型、宇宙学中的大爆炸模型、分子生物学中的 DNA 双螺旋模型和地质学中的板块模型，被认为是 20 世纪理论科学中最重要的四大模型。它们均代表了本领域里的一场理论革命。经过一系列的观念变革，人类对宇宙和生命有了更深入的认识。同时，这些科学成就很快转变成相应的技术，在经济生产和社会生活中发挥重要作用，其中尤以核能利用技术、航空航天技术、信息技术和医药生物技术四项最为突出。前两项显示出人类空前的力量，后两项显示出人类对自身社会属性和自然属性的再造。

本部分将介绍相对论、量子理论和由二者引发的物质观、宇宙观和生命认知三方面的新科学，我们将会看到，所有这些理论都描绘着与前一个世纪完全不同的科学图景和世界图景。技术方面，则在大科学的背景下分别介绍核能利用技术发展带来的新型科学技术模式以及核冬天带来的伦理责任；生命科学的发展以及相伴而生的生命伦理问题。

第七章　物理学革命

第一节　相对论

我利用对引力方程式边界条件的不变性来解决宇宙论问题。最后考虑宇宙是一个闭合系统，而把边界条件消去。结论是惯性作为互相作用物体的特性而出现，而当互相作用不存在时，惯性也就消失。我相信这个结论使广义相对论能在认识论上被更好地理解。

——爱因斯坦①

1900 年 4 月 27 日，英国著名物理学家开尔文勋爵（Lord Kelvin）在英国皇家学会作了题为“热和光的动力理论上空的 19 世纪之乌云”的长篇讲演。在讲演中，他回顾物理学所取得的伟大成就时说：“物理学大厦已经落成，所剩只是一些修饰工作。”在展望 20 世纪物理学前景时，他又指出经典物理学本来十分晴朗的天空上出现了两朵乌云，那就是：以太漂移实验和黑体辐射。然而，物理学天空上的乌云何止两朵，实验陆续发现了一系列经典物理学难以解释的事实②，酿成了深刻的危机。正是这朵朵乌云带来了世纪之交的一场物理学革命，在这场革命中诞生了相对论和量子力学。本节我们将主要介绍相对论，下一节将探讨量子力学。

---

① 钮卫星，江晓原. 科学史读本. 上海：上海交通大学出版社，2008. 264.

② 从 1895 年伦琴（W. K. Rontgen）发现 X 射线，到 1905 年爱因斯坦创建狭义相对论，具有重大意义的物理实验发现有：1896 年贝克勒尔（A. H. Becquerel）发现放射性；塞曼（P. Zeeman）发现磁场使光谱分裂；1897 年汤姆森（J. J. Thomosn）发现电子；1898 年卢瑟福（E. Rutherford）发现 α、β 射线；居里夫妇发现放射性元素镭和钋；1899 至 1900 年卢梅尔（Otto Richard Lummer）和鲁本斯（Heinrich Rubens）等人发现热辐射能量分布曲线偏离维恩分布律；1900 年维拉德（P. Villard）发现 γ 射线；1901 年考夫曼（W. Kaufmann）发现电子的质量随速度增加；1902 年勒纳（P. Lenard）发现光电效应基本规律；1902 年理查森（O. W. Richardson）发现热电子发射规律；1903 年卢瑟福和索迪（F. Soddy）发现放射性元素蜕变规律。

一、以太漂移实验

爱因斯坦在1944年问《纽约时报》的一位记者:“为什么没有人理解我,而大家又都喜欢我?”① 当然,他并不是期待一个答案,但这确是一个有趣的问题。40岁之前,物理学家学术圈外甚至没人听说过爱因斯坦。他第一次登上国际头条新闻是在1919年,当时剑桥天文学家爱丁顿率领一个英国考察队测量了日食,确证了爱因斯坦的广义相对论,宣布爱因斯坦敢于挑战牛顿并且赢了。爱因斯坦创立了两种相对论:狭义相对论和广义相对论。其动机正是试图破解以太漂移实验所引发的问题。

以太漂移实验是由美国实验物理学家迈克尔逊和莫雷合作设计的实验,目的在于探测以太漂移。17世纪到19世纪末,经典物理学统一诸种物理现象的主要方式,是找出该类物理现象的一个力学模型。科学家们为了寻找一种力学模型来解释光学现象,由此而发展起来一套以太理论。波动说把光解释为由以太传递的横向振动,解释了大部分光学现象。

1861年,麦克斯韦把光看成是一种以波的形式通过以太传播的电磁扰动,使得以太理论达到顶峰。也就是说,这时候大部分物理学家都认为,电磁波传播的媒介是以太。问题是,以太既看不见也摸不着,那么它具有什么样的物理性质呢?比如,它有重量吗?它对物体的运动会产生阻力吗?它的密度有多大?这些问题都非常难于回答。电磁波是一种横波,为了能传播这样一种波,以太媒介必然很硬,但行星运动中又看不出受到阻力的迹象,这使物理学家们感到十分为难。

更困难的问题是以太漂移问题。如果确实有以太存在,那么最好是假定它相对于太阳静止而相对于地球运动,因为只有这样才能很好地解释光行差现象。如果以太相对于地球运动,那么我们就应该可以通过某种方式探测出来。1879年,著名物理学家麦克斯韦提出了一种探测方法:让光线分别在平行和垂直于地球运动的方向等距离地往返传播,平行于地球运动方向所花的时间将会略大于垂直方向的时间。依此思路,1887年,迈克尔逊和莫雷设计了更为精密的实验进行探测,可是得到的却是“零结果”。

---

① 帕特丽西雅·法拉. 四千年科学史. 黄欣荣译. 北京:中央编译出版社,2011. 248.

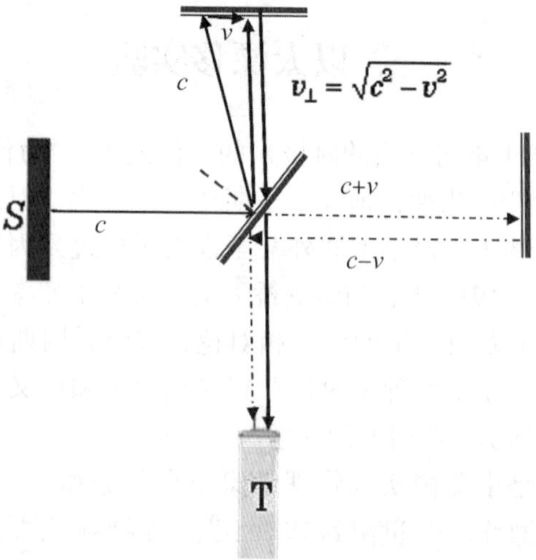

迈克尔逊—莫雷实验原理图

上图为迈克尔逊—莫雷实验示意图，在以太这个参考系中光速是均匀的，所以通过测量不同方向上光速差值，就可以确定地球相对于以太的速度。

正是这个实验提醒人们必须重新审查被视为“神圣”的经典物理学的根基。迈克尔逊因此而获得了 1907 年的诺贝尔物理学奖，他也是获得此奖项的第一位美国人。

对零结果的可能解释有三种：一是，以太随着地球一起运动，但这将使以太变得毫无意义。二是，地球相对于以太静止，但这几乎是要倒退到中世纪以前的地心宇宙说。三是，根本没有以太这种东西。看起来第三种是最合理的解释，但是光的波动说理论和麦克斯韦电磁理论都是建立在以太基础之上的，选择第三种解释意味着对经典物理学釜底抽薪。于是，为了维护以太理论，一些科学家又提出了各种不同的假设来解释迈克尔逊—莫雷实验的零结果，其中最著名的就是菲兹杰拉德和洛伦兹的假说。但是这些假说均不理想。

二、狭义相对论

1. 基本原理

爱因斯坦在 1905 年做了三件大事：创立光的量子论、完成了布朗运动的统计理论、创立了狭义相对论。这三件大事，每一件都具有划时代的意义。

狭义相对论是在该年《论动体的电动力学》一文中首次提出的，这是他多年来思考以太与电动力学问题的结果。在论文中，爱因斯坦提出了两大基本原理：光速不变原理和相对性原理。

光速不变原理：真空中的光速永远是一个常数，不随光源或测量者所在参考系的相对运动而改变。这一原理是与牛顿力学的速度加法直接相矛盾的，按照牛顿的加法：$c+c=2c$，$c+v>c$（其中 c 为光速）。然而，按照爱因斯坦的理论，比真空光速更大的速度是不存在的。

相对性原理（也称狭义协变原理）：一切物理定律（力学定律、电磁学定律以及其他相互作用的动力学定律）在所有惯性参考系（惯性系）中都是等价的，没有一个惯性系具有优越地位，不存在绝对静止的参考系。或者说，一切物理定律在洛伦兹变换下数学形式不变。

以上述两条基本原理为突破口，狭义相对论建立了全新的时间和空间理论，并在新的时空理论基础上给动体的电动力学以完整的形式。以太概念不再是必要的，以太漂移问题也就不存在了。如果以太漂移实验导致了零结果，那么它正是一次成功的实验，证明了所谓的以太漂移根本就是虚幻的。当然，接受狭义相对论，就需要接受运动物体在时空上会发生一些令人惊奇的事情。具体要从同时性的相对性说起。

2. 同时性的相对性

同时性的相对性：从静止角度看是同时发生的事情，而从运动角度看则不是同时发生的。不同地方的两个事件我们何以知道它们是同时发生的呢，这个问题看似平常，却至关重要。一般来说，我们会通过信号来确认。为了得知异地事件的同时性，我们就必须知道信号传递的速度。为了测出一个信号的传递速度，我们必须测出两地的空间距离以及信号传递所需的时间。测空间距离当然简单，麻烦在于测时间。我们必须假定两地各有一只已经对好了的钟，从两只钟的读数差可以知道信号传播的时间。但问题在于，我们为了将两只处在不同地方的钟对好，又需要一种信号。这个信号能否将钟对好，这个问题也不好轻易回答。如果按我们先前的思路，它还需要一种新信号。这样无穷后退，两地事件的同时性就无法确认。但是，在上述思路中有一点是明确的，即同时性必与一种信号相联系，否则我们说两件事情同时发生就是没有意义的。

光信号可能是用来对钟的最合适的信号，但光速不是无限大，这就会产生一个新奇的结论：对于静止的观察者同时发生的两件事，对于运动的观察者就不是同时的。设 AB 两地各发生了一个事件（比如发生了一次闪光），在

AB 的中点 C 处的观察者，由 AB 两地发来的光信号同时到达这一点，推测两件事是同时发生的。按定义，它也的确是同时发生的，因此地面上的每一位静止的观察者均会同意。但一个由 A 向 B 运动的观察者却不同意，因为也是在 C 点，他却发现 B 点的闪光先于 A 点到达，按定义，B 事件先于 A 事件，它们是不同时的。也就是说，同时性不是绝对的，而是取决于观察者的运动状态。这一结论否定了牛顿力学以之为基础的绝对时间和绝对空间框架。

同时性的相对性带来了一系列物理后果，其中广为人知的是尺缩钟慢效应。尺缩钟慢效应说的是：对于两个相互运动的参照系来说，处在某参照系中的观察者将会发现另一参照系中的物体其运动方向缩短了，其时钟走慢了。这两个效应都只是相对论效应，观察者在自己的参考系中将看不出这种效应。而且相对论效应是相互的，你看见我的尺缩钟慢，我也看见你的尺缩钟慢。

3. 时间空间观的变革

爱因斯坦相对论所引起的物理学革命首先是时间空间观革命。这场革命的本质是回复了物理时间作为测度时间的测度本性：时间必须是一个可观测量。时间作为一个可观测量具体体现在“同时性”的可操作性方面。牛顿力学认为存在一个普适的时间，它对不同地方、不同参照系都同样适用，因此，说两事件同时发生就带有绝对性：不论两事件发生在同一地点还是发生在不同地点，不论是从与事件相对静止的惯性系看还是从与事件相对运动的惯性系看，都是同时的。经典力学主张同时性的绝对性。但是，这样的同时性却缺乏一个操作定义。绝对时间是不可观测的。

恢复测度时间之测度本质的举动，将时间、空间与物质运动重新联系在一起，特别是，从测度的角度看，时间与空间不再是独立不倚的两个东西，而是相互不可分割的统一体中的两个方面。曾给爱因斯坦当过老师的闵科夫斯基（Hermann Minkowski，1864—1909）在 1905 年最先给狭义相对论提出了一个几何解释，并在 1907 年出版了《时间与空间》一书，提出了四维时空的概念。他指出：“空间自身和时间自身，被宣告退隐，唯有它们的某种结合来维持一个独立的实在。……空间和时间消失在阴影中，唯有世界自身存在。”① 世界不再像传统所认为的，是三维空间中的物质客体在一维时间之中的演化。相反，世界本身就是一个思维的时—空流形（manifold），是一个整块宇宙。每时每刻我们所经验的世界，只是思维连续系统中的某一剖面或者切片。世界就像是一盘电影胶片，只不过它将其图片一幅幅地向我们展示。

---

① Albert Einstein，Francis A. Davis，Physics. *The Principle of Relativity*. London：Dover Publications，1952. 80.

爱因斯坦采用了这个观点并在后来的广义相对论中发展了这个观点。

在此基础上，爱因斯坦还提出了著名的质速关系式。根据这个关系式，物体在运动速度趋近光速时，质量会趋向无穷大。这个结论已被电子运动的实验所证实，它反映了能量向质量的转化。1906 年，爱因斯坦在一篇文章中提出了更为著名的质能关系式：$E = mc^2$。这个关系式揭示了质量转化成巨大能量的可能性。后来，原子核物理学的发展证实了这一关系式的正确性。几十年后，美国的第一艘核动力航空母舰下水时，水兵们在甲板上排成质能关系式的队形，以表示对这一伟大发现的纪念。

我们看到：狭义相对论引起了人类时间、空间观念的革命，它揭示了物质与运动的统一性、时间与空间的统一性，还揭示了运动的两种量度，即动量和能量的统一性。历史上，笛卡尔偏爱动量，莱布尼茨偏爱活力（动能），两派争论不休。如今，在闵科夫斯基空间中，能量与动量结合为一体，成为四维的“能量—动量矢量”。能量是其时间分量，动量是其空间分量。相应地，两个守恒定律也统一为“能量—动量守恒定律”。

三、广义相对论

爱因斯坦的狭义相对论只涉及惯性参考系，没有考虑到加速运动，因而被称为狭义相对论。那么是否可以将狭义相对论一般化呢？爱因斯坦在 1907 年开始思考这个问题，并最终完成了广义相对论，其总结性论文《广义相对论的基础》发表于 1916 年初。在这个理论中，引力是被考虑的主要问题。按照牛顿力学，任何物体既有惯性质量，也有引力质量。牛顿第二定律中的质量是惯性质量，而万有引力定律中的质量是引力质量。人们通常理所当然地认为它们是相等的，把它们统称为质量。可是，这种相等是偶然的吗？广义相对论正是试图解决这个问题。

1. 基本原理

广义相对论有两个基本原理：广义协变原理和等效原理。

广义协变原理：在所有参考系中，物理定律都是一样的。

等效原理：一个加速度为 a 的非惯性系等效于含有均匀引力场的惯性系。

比较狭义相对论的相对性原理，即可发现，广义协变原理就是相对性原理的广义版本。相对性原理本质上是指，物理定律在所有惯性系中都是一样的。所以，狭义相对论只有遇到狭义的条件才起作用（具体地说，只涉及惯性参考系才起作用），广义相对论去掉了这个限制，适用于所有参考系。这里，参考系指的是：以一定方式运动的观察者可以定义时空坐标来描述事件发生的时间和地点。在我们的四维时空，这种描述需要 4 个实数。当然，这种坐标的定义方式是任意的，每种定义方式可以叫做一个坐标系。如果在一个参考系中，物体满足在合力为 0 的情况下保持匀速运动或静止状态，那么这个参考系就叫做惯性系。

等效原理认为，本质上重力的效果和加速度的效果没有区别。爱因斯坦常用下面的例子来说明：

假设你在一个封闭的房子里，房子的形状和大小如电梯，你无法看到房子外面。第一种情况，假设（你自己不知道）这个“电梯”正在往地面下降，以便你能感受到地球引力场的影响。你感受到了什么效果？最明显地，你将注意到某些效果，例如被拉向电梯的地板，并且你还将注意到下落的物体以每秒 9.8 米的速度加速向地面落下。

现在，假设（同样，你仍看不到外面）你和电梯在一个几乎真空的空间（这样不会受到任何引力场实质性的影响），电梯以每秒 9.8 米的加速度上升（即沿着从地板到天花板的直线向上）。你感受到这种加速度产生的效果是什么？再次，你将注意到被“拉”向电梯地板的感觉，你也会注意到物体以每秒 9.8 米的加速度落向地板。

关键的一点是，在第一个例子中是重力影响的结果，在第二个例子中是加速度影响的结果，彼此没有区别。重力影响和加速度影响之间的密切联系，是在牛顿之后很久才被认识到的。然而，在牛顿物理学中，这两种现象被分开看待，两者的密切联系看起来似乎只是种巧合。然而，在广义相对论中，等效原理认为，本质上重力的效果和加速度的效果没有区别。

2. 引力场方程和广义相对论的预测

虽然广义相对论的两个基本原理不难叙述。但事实证明，它们很难用数学方程式来表示。爱因斯坦花费了数年时间来研究这些方程式，许多初步的研究结果后来被迫放弃或作出重大修改。他在格罗斯曼（M. Grossmann，1878—1936）的帮助下找到了张量分析（即绝对微分学，用于曲面的微分运算）的有力工具，终于得到了引力场的运动方程式，能满足对任何坐标变换（包括非惯性系在内）都不变（协变）的要求。这些方程式现在被称作爱因斯坦的引力场方程，正式发表在 1916 年《广义相对论基础》一文中。这些方程要解决的主要问题是空间、时间和物质之间的互相影响。例如，它证明了由于有物质的存在，空间和时间会发生弯曲，引力场实际上是一个弯曲的时空；它还证明了一个大质量恒星碰撞时所产生的致密物质是如何影响空间和时间的（例如，所谓黑洞对时空的影响——黑洞是假定的由巨大的恒星碰撞而产生的残余物）。

关于时间空间观，如果说狭义相对论的切入点是同时性的相对性，那么广义相对论的切入点就是由质量引起的空间本身的曲率，物体的轨道被表现为黎曼几何空间的最短距离，即测地线（geodesic line），这样就使物理上的场论观点与黎曼几何的空间理论结合起来，从而完成了“自然的空间化”。他的这种观点也称作“物理几何学”的观点。黎曼通过曲面理论研究将不同的几何统一起来：欧氏几何的平直空间曲率为0，罗巴切夫斯基空间曲率为负，黎曼空间曲率为正。对于微小空间区域，非欧空间接近于欧氏平直空间。爱因斯坦在建立广义相对论的过程中发现现实空间并非平直空间，而是黎曼空间。空间曲率取决于物质的质量及其分布，曲率体现引力场强度。因此，广义相对论比狭义相对论更进一步揭示了时空结构与物质之间的关系。

广义相对论有三个可供验证的重要推论：

（1）水星近日点的进动。行星绕太阳运动的椭圆轨道很缓慢地在它自己的平面上旋转，使得行星每运行一周，近日点便移动一个角度，其中以离太阳最近的水星为最大。1859 年，法国天文学家勒维列发现了这一点，1882 年，美国人纽康测定的相差值为每 100 年 43 秒。勒维列用行星摄动方法来解释，他推测水星附近存在一个新的行星“火神星”。可是许多年过去了，并没有发现什么“火神星”。爱因斯坦用太阳引力使空间弯曲的理论，很好地解释了水星近日点进动中无法解释的 43 秒。

（2）引力红移。即在强引力场中光谱应向红端移动。1925 年，美国天文学家亚当斯（W. S. Adams，1876—1944）观测到天狼星伴星（白矮星）所发出的光的谱线红移值（6.6×10^{-5}）与预期值（5.9×10^{-5}）基本相符。

（3）光线在引力场中弯曲。这是使相对论在顷刻间闻名于世的“最严峻的检验”。最靠近地球的大引力场是太阳引力场。爱因斯坦预言，遥远的星光如果掠过太阳表面，将会发生 1.7 秒的偏转。这个预言很难验证，因为大白天太阳太亮，看不到星光，晚上能看到星光太阳又下山了。但也有机会，那就是日全食的时候。1919 年 5 月 29 日，这个机会终于来了。在英国天文学家爱丁顿（1882—1944）的推动下，英国派出了两支远征队，一支到非洲西部的普林西岛，由爱丁顿本人率领；另一支到南美的索布腊尔，由另一位天文学家克劳姆林（1865—1939）带队。两支队伍不久就带回了日全食时的太阳照片。经过反复核对和比较，最终结论是，星光在太阳附近的确发生了 1.7 秒的偏转。1919 年 11 月 6 日，英国皇家学会和皇家天文学会正式宣读了两支队伍的观测报告，确认了广义相对论的结论正确性。当时皇家学会会长J. J.

汤姆逊致辞说："爱因斯坦的相对论是人类思想史上最伟大的成就之一，也许就是最伟大的成就，它不是发现一个孤岛，而是发现了新的科学思想的新大陆。"新闻界当时报道的标题为："科学革命，牛顿思想被推翻"。

3. 哲学思考：重力和广义相对论

广义相对论本质上完全不同于牛顿的万有引力理论。在牛顿那里，时间均匀流逝，空间平直广延，物质、时空和运动各行其道。但在爱因斯坦那里，"物质告诉时空怎样弯曲，时空告诉物质怎样运动"。物质、运动和时空三者之间有不解之缘。从绝对时空的观点看，月球围绕地球运动的轨道是一个椭圆，维持这种运动的力量是万有引力。从相对论的观点看，物质、运动和时空之间有一体的关系，由于地球的质量使其周围的空间弯曲，月球只不过是在弯曲了的空间中沿最短的路径做匀速运动而已。至此，牛顿理论体系中的所有基本概念——时间、空间、物质、运动、质量、能量、引力等及其相互之间的关系，都被爱因斯坦赋予了全新的含义。而这种新的含义，不但引起了一场物理学革命，而且直接深刻地影响了天文学，引发了人类宇宙观的一次革命。更为重要的是，近代世界图景主要由物理科学提供。因此，也可以说相对论革新了世界图景。

以重力为例，牛顿学说中，重力被看作天体间的吸引力。天体，例如火星，会由于受到火星和太阳之间的引力（重力）影响而围绕太阳做椭圆运动。如果用实在论的态度看待这种力，它似乎是一种超距作用的例示。但是，这种超距作用是怎样在虚空中传播的呢？事实上，当牛顿首次出版《自然哲学的数学原理》时，就有很多批评者指出他介绍了一种需要超距作用的神秘的力，莱布尼茨就是批评者之一。最后，牛顿坦承自己是以工具论的态度来论述重力的。可是，这会对"为什么行星做椭圆运动"持不可知论。故而，大多数牛顿主义者还是对重力持实在论的态度。譬如，如果我松手让钢笔掉下来，并问："为什么钢笔会下落？"标准的答案是，它下落是因为重力。再问，这个重力是否真实，通常的回答是：真的。

然而，请注意，广义相对论论述重力时不涉及超距作用，而且对重力持工具论态度。如前所述，光是沿着最短的路线行走的。在广义相对论中，不受外力影响的物体，也是沿着最短的路线运动的。弯曲空间中最短的路线是测地线。根据广义相对论，大质量天体如太阳周围会产生时空曲率，这种曲率看起来就是围绕太阳的椭圆。换言之，在广义相对论中，如果物体落向地球，或者行星围绕太阳做椭圆运动，是因为时空曲率，而不是因为任何天体之间的吸引力。所以，如果我们对广义相对论持实在论的态度，那么就必须对牛顿学说中的重力概念持工具论态度，把重力说成一种吸引力顶多是一种方便的说法，而在字面上则是错误的。

总之，广义相对论是个得到证实的理论。在预测和解释（水星近日点的进动、光线弯曲、引力红移等）方面，广义相对论比牛顿学说更加准确。其结果是，如果我们倾向于对物理理论采取实在论的态度，那么我们就应该对广义相对论采取实在论的态度，而对牛顿学说则应采取工具论态度。常识中诸如钢笔落地因为重力之类的信念既已被证明是错误的，我们就需要重新思考世界图景。

四、相对论面临的挑战

目前相对论的结论也面临一些挑战：

（1）关于引力波的预言和探索。物理学家普遍认为，电荷的加速能产生电磁波，那么从理论上说，物质的加速运动也辐射引力波。物质是产生引力的源泉，就像电荷是电磁场的源泉一样。这两种波传播时都无须介质。根据爱因斯坦 1918 年计算的结论，相同质量的物质体系，其分布的不对称性越高，变化的速率越大，辐射出的引力波越强。据此，现代天文学研究认为，恒星演化末期，由于引力塌缩引起超新星爆发，向外高速并不对称地抛射大量物质，应该伴随着强烈的引力脉冲辐射，这是目前探索引力波的主要目标。但目前没有直接证据。约瑟夫·泰勒和拉塞尔·赫尔斯在 1974 年发现了一个距地球 1.5 万光年的脉冲双星，并对之进行了十多年的研究，发现其由于不对称和高速的轨道运动而有强烈的引力辐射，辐射的能量使轨道周期变短，与广义相对论的预测十分符合。但这只是一个间接的证据。

（2）超光速存在吗？爱因斯坦认为，不存在超光速，不存在瞬时超距作用，若没有等于或小于光速的物理信号建立联系，空间中分离的客体是彼此独立的（即可分隔性原理）。20 世纪 70 年代以来，现代物理学的进展有种种迹象表明，超光速运动和超光速作用可能是存在的。如射电天文学发现，半径大于一光年的河外射电源 3C273，能在几个月发生整体的明亮变化。如果光速是不可超越的，河外射电源发生这种变化所需的时间就一定在一年以上。

十分迅速的亮度变化意味着上面存在着超过光速的相互作用。另外，克莱和克劳奇 1974 年观测研究了广延大气簇射现象，在英国《自然》杂志上发表文章说，通常接近光速的簇射粒子到达地面之前，实验装置已经记录到非随机信号。他们认为，这可能是超光速例子引起的。

第二节 量子力学

上帝是不掷骰子的。

——爱因斯坦

新的力学在原则上只作概率的陈述。

——波恩

概率波的概念是牛顿以来理论物理学中全新的东西。……它是亚里士多德哲学中“潜在”这个老概念的定量表述。它引入了某种介于实际的事件和事件的观念之间的东西，这是正好介于可能性与实在性之间的一种新奇的物理实在。

——海森伯

开尔文勋爵提到的另一朵乌云酿成的风暴一般被称作量子力学革命，与相对论革命相比，这场革命更加彻底地颠覆了经典理论。量子理论似乎晦涩难懂、令人费解，甚至是错误的。不但局外人这样看，而且当时一些世界公认的物理学家也持有类似的观点。因为，量子世界显现出与我们习见经验不一致的特征。举一个例子，在日常经验世界中，你可以既坐在教室听课，同时又在别处杀人吗？显然是不可能的。但是，在量子世界则确实能实现这一可能。物质波能同时在许多地方振荡。例如，一列水波原则上就不会局限在一个确定的位置，它能分开并同时穿过两个通道。同样，在量子世界，一个被原子核束缚的电子有一个物质波描述，它的振荡扩散于整个原子核，因此可以同时出现在许多地方。

然而，不管量子理论建构的世界多么奇怪，事实上，量子力学能够解释和预言不同领域的物理体系，而且已经导致了很多崭新的技术诞生。这些技术的出现完全依赖于量子力学先驱们的发现。以硅芯片技术为代表的现代电子工业，就是以叫做半导体的材料的量子理论为基础的。同样，大量激光设备和器械的出现，仅仅是当我们在量子原理层次明白了光如何从原子发射出来的机制之后，才成为可能，而这方面最早的工作正是爱因斯坦在1916年做的。只有搞清楚了大量量子紧密堆积在一起的行为之后，我们才能理解从超导体到中子星的各种不同物质的性质。另外，虽然刚开始量子力学是用来解决关于原子如何存在等原理性问题的，但也同样适用于解释位于原子中心的微小的原子核的行为，并且这方面的研究还使我们对放射性和核反应有了理解。

一、黑体辐射与量子理论的提出

导致量子理论出现的是一个古典热力学难题即黑体辐射问题。

19 世纪末，德国的科学技术居世界前列。此时的德国刚刚完成统一，由于普法战争的胜利，从法国割取了阿尔萨斯和洛林两个重要矿区，由农业国一跃成为资本主义的先进工业国后，最迫切的莫过于对重工业和化学工业的技术改造。测量高温是当时最突出的难题之一。此时，西门子公司捐资兴建的帝国技术物理研究所（PRT）在柏林近郊创立。这个研究所相当于国家计量局，主要任务是研究基本量度基准。内分两个小组，第一组从事基本量热学研究，特别是高温测量，也进行电阻测量、大电流测量等研究课题。第二组从事技术方面的课题，例如建立光学单位。上述这些课题几乎都与温度的测量有关，因此，研究人员的兴趣很自然地引向热辐射这一新兴领域。在这个研究所中，有好几位出色的实验物理学家，他们都对热辐射作出了重大贡献。其中，维恩（1864—1928）于 1896 年根据实验给出了描述黑体能量分布的维恩位移定律：随黑体温度的升高，其发射中亮度最大的光线，波长随之变短（向光谱的紫区移动）。这个公式在高频辐射部分与实验一致，在低频辐射部分则与实验不一致。1900 年，英国人瑞利（1842—1912）根据统计力学和经典电磁学理论，给出了另一个公式，它在低频辐射部分与实验相符，但在高频辐射（紫外光区）部分却与实验值相差甚远，而且根据该公式，随着频率向紫外光区的增加，黑体辐射的能量密度单调增加，趋向无穷；但实验测得的值却是趋向于零。这部分严重的背离被称为“紫外灾难”，即黑体辐射问题。

1900 年，德国物理学家普朗克（1858—1947）采用内插法找到了一个在长波和短波部分均与实验相符合的折中公式。但是，当反思这一公式的物理意义时，普朗克发现，如果假设能量只以不连续的“波包”在物质和光之间相互交换，每个波包的能量等于光的发射或吸收的频率乘以一个固定的常数，就可以对该公式作出合理的解释。普朗克将最小的不可再分的能量单元称作“能量子”或“量子”。1900 年 12 月 14 日，他将这一假说报告给了德国物理学会，宣告了量子论的诞生。

普朗克的量子论摆脱了“黑体辐射的紫外灾难”这一经典物理学的困境。但是，能量子假设与经典波动理论的假设强烈地矛盾。经典波动理论给出的假设是：能量能在光和物质之间以任何频率、任何数量交换。那么能量交换的这种特殊的不连续性的起因是什么？普朗克本人也没能完全理解。

第一个意识到量子概念的普遍意义，并将其运用到其他问题上的是爱因斯坦。普朗克仅仅把能量的不连续性限于电磁辐射的吸收与发射过程中。爱因斯坦于1905年在《关于光的产生与转化的一个启发性观点》一文中提出，电磁辐射在传播过程中的能量也是不连续的，并称传播中的能量子为“光量子”（1926年后接受刘易斯的建议改称为“光子”），同时用光量子的理论解释光电效应中出现的新现象。当高能光照射在金属上，就从金属上释放电子，这就是所谓的光电效应。光和物质的这种相互作用，似乎也表明，光中的能量只能以分布的波包存在。光电效应的实验结果再一次表明，每个波包有与它描述的光的频率成比例的能量。从金属中释放的电子的能量依赖于所使用光的频率，而不是光的强度。只是被释放的电子的数量依赖于光的强度。这一效应无法用麦克斯韦的电磁波理论来解释。爱因斯坦用光量子理论解释了这一现象：光照射到金属表面时，能量为 $h\nu$ 的光子与电子交换了能量，电子吸收了光子的能量，一部分用来克服金属表面对它的吸引力，一部分变为离开金属表面的动能。当 $h\nu$ 小于金属表面的电子逸出功时，电子便不会逸出。除了解释光电效应，爱因斯坦还把能量不连续的思想应用到固体中的原子振动问题上，得出一个结论：当温度趋于绝对零度时，所有固体的比热都趋于零。

爱因斯坦的光量子理论提出后，并没有立即得到物理学家们的支持。1916年，美国人密立根用实验证明，用光量子理论得到的 h 值和由普朗克公式得出的 h 值完全一致，从而证明了爱因斯坦的假设。1923年，美国人康普顿（1892—1962）做了X射线在金属中的散射实验，发现散射光中出现了波长大于入射光的射线。由于在波的传播过程中，发生折射、反射、衍射之后会有能量损失，但表现为振幅的减小，波长不会改变，即频率不会改变。所以，康普顿便将此看成X射线的光子与电子碰撞的结果。而且，康普顿用光量子理论计算所得的散射波长与散射角之间的关系同实验结果完全一致。于是，康普顿的实验被视为光量子存在与否的判决性实验，还证明在微观领域里能量和动量仍然遵循守恒定律。

爱因斯坦的光量子理论把光的粒子性和波动性统一起来了，这种统一表现为光子的能量与光波的频率不可分割地联系在一起。至此，人们认识到光具有波粒二象性，在传播过程中表现为波动，在同物质相互作用的过程中则表现为光量子。①

波粒二象性起源于对光的本性的历史探讨。在17世纪，牛顿等人倾向于

---

① 王鸿生．科学技术史．北京：中国人民大学出版社，2011. 200.

微粒说，主张光是微小粒子的直线运动；而以惠更斯为代表的波动说则主张，光不是微粒的运动而是媒介的波动。关于光的本性的两大学说各有利弊，微粒说能很好地解释光的直线运行、反射和折射现象，波动说可以解释光的反射、折射，特别是干涉、衍射及偏振现象。但微粒说认为波动说不能很好地解释光的直射，因为如果是波，就会出现很强的绕射现象，比如声音可以绕过墙，但光似乎没有绕射现象。由于牛顿的声望很高，微粒说曾一度占上风。1800 年，英国医生托马斯·杨对微粒说提出异议，认为强光和弱光的速度相同，这用微粒说不好解释；光线由空气进入水中时，一部分被反射一部分被折射，这也难以用微粒说解释。特别是杨用实验发现了光的波动说所预言的光的干涉效应。这促使不久之后科学界对光之波动说的认同。19 世纪，麦克斯韦的研究进一步让科学共同体确信，光是一种电磁波。然而，富有戏剧性的是黑体辐射的紫外灾难导致波动说的困境，爱因斯坦的光量子理论从某种意义上重新恢复了微粒说。量子力学后来发展出来的波粒二象性，不仅把光而且把一切物质都置于既是粒子又是波的位置，但这里的粒子不是通常经典意义上的粒子，波也不是通常意义上的波。它显示出在不同的实验装置中，为着不同的实验目的，量子世界中的物理客体显现出不同的面貌。①

二、量子力学的建立

量子力学起源于原子结构的研究。当时出现了不少原子结构模型，著名的有开尔文提出，而后由汤姆逊（1856—1940）发展的布丁模型。大约在 1909 年，实验表明布丁模型与实验不符。1911 年，新西兰物理学家卢瑟福（1871—1937）提出了原子的有核模型，并得到了实验的确证。卢瑟福因此获 1908 年的诺贝尔化学奖，但他认为自己的工作是一项物理学成就。

卢瑟福的有核模型假定，原子的质量基本上集中于核上，绕核旋转的电子所带负电正好与核所带的正电相等量。原子表现出电中性。但是根据经典的电磁理论，旋转的电子必定向外发射电磁波，从而损失能量，使电子最终落入原子核中。这样看来，卢瑟福的原子模型就是一个不稳定的模型。

卢瑟福的研究生、丹麦物理学家玻尔（1885—1962）解决了这一问题，即提出了量子化的原子结构理论。他认为，电子只在一些特定的圆轨道上绕核运行。当它在这些特定的轨道上运行时并不发射能量，只有从一个较高能量的轨道上向一个较低能量的轨道跃迁时才发出辐射，反过来则吸收辐射能。这个理

① 吴国盛. 科学的历程. 北京：北京大学出版社，2002. 446 .

论不仅在卢瑟福模型的基础上解决了原子的稳定性问题，而且用于氢原子时，与光谱分析所得实验结果完全符合。这引起了物理学界的震动。然而，反对者提出，玻尔的理论只能用于氢原子这种比较简单的情形，对于多电子的原子光谱尚无法解释。此后，玻尔又想出了一些办法以弥补这些缺陷，但结果是使理论基础变得更加逻辑不一致，以致有人认为量子论也出现了危机。

旧量子论确实面临困境，但不久就得以突破。1923 年，法国物理学家路易·德布罗意（1892—1987）提出了物质波理论。他认为爱因斯坦的光量子理论应推广到一切物质粒子，如电子在适当的测试条件下将呈现出某些波动现象的样态，如衍射或干涉。不久，实验物理学家就真的观测到了电子的衍射现象。

沿着物质波概念继续前进并创立了波动力学的，是奥地利物理学家薛定谔（E. Schrodinger，1887—1961）。他在研究热力学中的统计问题时，从爱因斯坦的一篇报告中得知德布罗意的物质波概念。他马上接受了物质波的观点，提出了一个类比关系式，即经典力学：波动力学 = 几何光学：波动光学。他认为“波”是比“粒子”更基本的实体。因此，他类比经典力学中的描述波运动的波动方程，努力寻找物质波的波动方程。他采用“粒子 = 波包”的模型，即是用一群物质波重叠形成的波包的移动速度来描述粒子（电子）的速度。对于特定瞬间，波动描述与质点描述是一致的。用这种方法，薛定谔终于找到了特定条件下的物质波波动方程，并推广到普遍情况，这就是著名的“薛定谔方程”。薛定谔方程提供了系统和定量处理原子结构问题的理论，除了物质的磁性及其相对论效应之外，它在原则上能解释所有原子现象，是原子物理学中应用最广泛的公式。它在微观力学中的地位，与牛顿定律在宏观力学中的地位相当。薛定谔的论文《作为本征值问题的量子化》（Ⅰ，Ⅱ，Ⅲ，Ⅳ）（1926 年 1—6 月）提出了波函数 Ψ 的概念，给出了描述物质波的运动方程，标志着波动力学的诞生。这些论文推进了物质波的思想，使量子力学确立在微观客体的波粒二象性的基础上，为数学地解决原子物理学、核物理学等问题提供了逻辑上自然的和统一的理论根据。薛定谔由于创立波动力学而获得了 1933 年的诺贝尔物理学奖。薛定谔的小册子《生命是什么》（1944）注意到量子、负熵与生命、遗传、基因的关系。因而，他也被称为分子生物学和生命系统理论的先驱者。

另一方面，建立量子力学还有另一条思路：矩阵力学。1925 年，德国青年物理学家海森伯（1901—1976）发表论文《关于运动学和力学关系的量子论的重新解释》，首创解决量子波动理论的矩阵方法。1927 年，他提出了微观领域里的“测不准原理”，即任何一个粒子的位置和动量不可能同时准确测量，要准确测量一个，另一个就完全测不准。海森伯因此获得了 1932 年的诺贝尔物理学奖。

矩阵力学可以看作玻尔量子理论的一个自然发展结果。一方面，海森伯对玻尔的原子结构和光谱理论作了深入透彻的研究；另一方面，海森伯通过爱因斯坦的早期工作，间接受到马赫思想的影响，重视“可观察量”原则，认为经验上可观察的物理量才是真正有意义的。所以，他提出的矩阵方法完全抛弃了玻尔理论中的电子轨道、运行周期这种古典的但却是不可观测的概念，代之以可观察量如辐射频率和强度。论文写出后，海森伯的老师波恩（1882—1970）发现，海森伯的矩阵方法正是数学家早已创造出的矩阵运算。1925 年 9 月，波恩与另一位物理学家约丹合作，将海森伯的思想发展成为系统的矩阵力学理论。在英国，另一位年轻人狄拉克（1902—1984）改进了矩阵力学的数学形式，使其成为一个概念完整、逻辑自洽的理论体系。至此，矩阵力学的基本结构大功告成。狄拉克的这一工作见于 1925 年 11 月的论文《量子力学的基本方程》。

波动力学和矩阵力学的创始者们一开始还互相敌视，认为对方的理论有缺陷。到了 1926 年 3 月，薛定谔发现这两种理论从数学上是完全等价的，方才消除双方的敌意。从此以后，两大理论统称量子力学。薛定谔的波动方程由于更易为物理学家所掌握，所以成为量子力学的基本方程。

三、量子理论解释

量子力学的方程虽然建立了，但与这种数学形式相对应的是一种什么样的物理世界，就是量子理论解释的问题。在物理学家看来，对物理学作出解释是一项哲学任务，是他们面临的一项补遗任务。量子力学为何激发了围绕其解释的理论探讨呢？因为这一理论不但与经典物理学的世界观不相容，而且与某些经典的形而上学观念也不相容。最初的问题是承认并准确表达这种不相容，然后人们必须确定是否可以将这一不相容看作哲学上的进展，抑或是这一理论的一个弱点。量子理论解释的争论史可分为三个时期：

1900—1924 年，未完成的量子理论的解释问题；1925—1932 年，量子理论完成，哥本哈根解释产生，其开端以海森伯 1927 年关于测不准关系的论文为标志，其结束以 1932 年冯·诺依曼的著作《量子力学的数学基础》为标志；1935 年至今，围绕量子理论和哥本哈根解释的后续论战，其开端以爱因斯坦、波多尔斯基（B. E. Podolsky）和罗森（1909—1995）在 1935 年发表的关于 EPR 佯谬论文为标志。

以波恩的概率解释、海森伯的测不准原理和玻尔的互补原理为轴心的哥本哈根解释已成为量子力学的正统解释和大多数物理学家公认的解释。

薛定谔波动方程中的波究竟是什么？薛定谔本人认为，它就是一种物质波，而其粒子性只是波的某种密集，即“波包”。1926 年 M. 波恩提出概率解释，他提出，粒子与波不应当简单地相互取消或归并，而是可以通过概率途径合理地联系和统一起来。具体来说，波函数的振幅被解释为电子在空间某处出现的概率。这样就加深了对波粒二象性的理解。根据概率解释，量子力学的粒子具有天生的概率性质，而古典粒子是以确定的轨道运动的，并可以无歧义地决定。

1927 年，海森伯在研究了微观粒子的波粒二象性后提出了著名的测不准原理。该原理表明，对粒子的动量测量得越精确，对它的位置就测量得越不精确，即它们不可能同时被精确测量。这种状况是由微观粒子的波粒二象性造成的，而不是由仪器的不精确造成的。为了精确测量粒子的位置要采用波长较短的光，这时光子会把较大的动量传递给粒子，这样虽然可以较精确地测定粒子的位置，却无法测定粒子的动量；反之，用较长的光波可以较小地干扰粒子的速度，从而较准确地测定粒子的动量，但它的位置就很不确定了。不确定原理的数学形式为：$\Delta P \cdot \Delta X \geqslant h$。根据这一关系式，我们如果知道粒子的确切位置，就不能知道它的运动情况；如果知道它的运动情况，就不能知道它的确切位置。

玻尔敏锐地意识到它正表征了经典概念的局限性，因此以之为基础，于 1927 年提出了“互补原理”，认为在量子领域里总是存在互相排斥的两套经典特征，正是它们的互补构成了量子力学的基本特征。具体而言，量子力学在描述微观粒子的运动规律时仍然运用着经典力学中的概念——动量、质量、能量、频率、波长、概率等，这是自然科学的基础预言，不可能抛弃它们。但与宏观领域不同的是：为描述微观粒子运动规律而运用一类经典概念时，就会排斥另一类经典概念；但在换一种条件的情况下，又要运用那些在原来的条件下被排斥的概念。这两种描述中的任何一种都是不充分的，而且是彼此不相容的，但为了说明所有可能的实验又都是必要的。这两类彼此对立的概念在描述微观粒子性质所具有的二重性时是互补的。例如，设计了光的衍射实验，就抑制了其粒子性，这时用波的概念来描述它；反之，设计了光电效应实验，就抑制了其波动性，这时用粒子的概念来描述它。但光本身具有波粒二象性，只有用这两类相互对立的概念的两种描述，才能形成对光本性的较完整的认识。

在 1927 年 10 月于布鲁塞尔召开的第五次索尔维物理会议上，爱因斯坦认为互补原理对神圣的经典物理学的这种根本性的背离是完全不能接受的，“上帝是不掷骰子的”，量子理论的统计解释不是最终的解释，不确定原理是不能接受的，量子力学最多只是一个暂时的方案，因果性和连续性终将复归为物理学的基础。他相信完备的定律和秩序。但对玻尔为首的哥本哈根学派来说，他们不但相信上帝掷骰子，而且宁肯追问：上帝是怎样掷骰子的？是怎样通过掷骰子创造出了定律完备和秩序井然的宇宙万物？

显然，爱因斯坦怀着对宇宙的简单性与和谐性的直觉信念，试图用决定论来解释量子力学。他同玻尔进行了激烈的辩论，但他的证据在当时均被对方一一驳倒了。1935 年，爱因斯坦、波多尔斯基和罗森联名发表了《能认为量子力学对物理实在的描述是完备的吗?》，他们认为只要一个量子体系不受干扰，就可能对它作出确定的预测，而不是可能的预测。量子力学用两个不可对易的算符来描述两个物理量，对其中一个物理量的知识就会排除对另一个物理量的知识。要么这种对实在的描述是不完备的，要么这两个量不可能同时是实在的。这便是所谓的 EPR 佯谬（因三个作者的名字缩写而得名）。玻尔在反驳中指出，EPR 论文中所得出的悖论，只不过表明习见的哲学在说明量子现象的本质时已经不适用了。关键的问题在于客体与测量之间的相互作用不可忽视，古典因果律失效，对物理实在的态度必须作根本修改。

EPR 佯谬挑战的是量子力学的测不准原理，但是也阐明了量子力学最奇怪的一个方面：对于某些量子态，如“纠缠态”，在一个量子体系被分开的几个部分之间，似乎需要某种“比光速还快”的作用，这种作用被爱因斯坦称做“幽灵般的超距作用”。爱因斯坦拒绝承认存在这种超距作用，所以坚持定域性假设，即空间上分隔的客体的实在状态彼此独立。1964 年，美国人贝尔（J. Bell，1928—1990）在《论 EPR 佯谬》的论文中，根据 EPR 推理方法，以及波姆提出的质子自旋理想实验（与 EPR 理想实验等价），推出一个不等式，现称“贝尔不等式”，为从实验上直接检验玻尔与爱因斯坦关于“定域性假设”的分歧带来了希望。

70 年代以后，出现了一系列已成为 EPR 理想实验的现实世界翻版的实验。例如阿斯派克特（A. Aspect）及其同事于 1982 年在巴黎大学进行了钙原子的双光子激发和偏振测量，对爱因斯坦提出的疑问提供了实验答案。实验结果与量子力学的预言极好地相符，毫不含糊地否定了爱因斯坦的定域性假设。但由于贝尔不等式的理论证明以及实验技术、仪器调整方面都存在不完善的地方，所以据此所做的实验也并不能得出判决性的结论。

关于量子力学的测量问题，还有很多很多可以讨论的。量子力学不是一门已经完成了的学问，21 世纪可能还会有一些惊人的发现在等着我们。

延伸阅读

1. 爱因斯坦．我是怎样创造相对论的．钮卫星，江晓原编．科技史读本．上海：上海交通大学出版社，2008.

2. 费曼．费曼讲物理：相对论．周国荣译．长沙：湖南科学技术出版社，2004.

3. 曹天元．上帝掷骰子吗?：量子物理史话．北京：北京联合出版公司，2013.

4. 海森伯．物理学和哲学．范岱年译．北京：商务印书馆，1999.

思考题

1. 什么是以太漂移实验？为什么说它冲击了经典物理学的基础？
2. 了解狭义相对论的基本原理及其推论。
3. 试比较广义相对论和牛顿的引力理论。
4. 为什么说相对论引起了一场时空观甚至宇宙观的变革？
5. 什么是黑体辐射的紫外灾难？普朗克是怎样解决这个问题的？
6. 叙述量子力学发展的主要线索。
7. 区分量子事实、量子力学方法和量子力学理论解释。

第八章　改变世界观的新科学

20 世纪的物理学革命，将人类的视野扩展到了广至 150 亿光年的空间距离，也深入到物质分割的最小尺度，还把对生命奥秘的探索带入到分子层面。所有这些探究构成了完全不同于牛顿范式的现代新世界观。

第一节　微观物理学

为什么物理学家主张他们的基本粒子不能分成更小的部分？……论证过程如下：人们怎样才能分裂一个基本粒子？当然只有利用极强的力和非常锐利的工具。唯一适用的工具是其他基本粒子。可见，两个非常高能的基本粒子间的碰撞是能够实际分裂粒子的唯一过程。实际上，它们在这样的过程中能够被分裂，有时分成许多碎片；但碎片仍然是基本粒子，而不是它们的任何更小的部分，这些碎片的质量是由两个相碰粒子的非常巨大的动能产生的。换句话说，能量转换成为物质，使得基本粒子的碎片仍然能是同样的基本粒子。

——海森伯《物理学和哲学》

相对论和量子力学革命促进了物理学家对物质微观结构的探索和认识。在此期间，实现了三次重大跨越：①发现原子有内部结构，由原子核和电子组成，形成了原子物理学；②发现原子核有内部结构，由质子和中子组成，形成了原子核物理学；③发现核子有内部结构，由夸克组成，形成了粒子物理学。原子物理学、原子核物理学和粒子物理学共同构成了完整的微观物理学体系。

一、原子物理学

1895 年 11 月 8 日，德国物理学家伦琴首次发现了 X 射线。X 射线的发现不仅促使了放射性物质的发现，也促使了电子的发现。1896 年 5 月，法国物理学家贝克勒尔发现了天然放射性。接着，居里夫妇发现了放射性衰变的定量规律并引入半衰期的概念。放射性的发现打开了微观世界的大门，它不仅使原有的原子观念发生了重要变化，也开启了人们认识原子核的历程。1897年英国物理学家汤姆逊（1856—1940）发现了电子，从实验上证明了原子的存在，以及原子是由电子和原子核构成的理论。三大发现构成了微观物理学的实验基础。

电子发现后，人们立即开始了建立原子结构模型的各种尝试。1910 年之前原子模型很多，但最有影响的是由开尔文提出、汤姆逊发展的布丁模型。该模型认为，原子是一个带正电的球体，电子像西瓜子似的均匀分布于整个原子球体之中，形成同心环状的稳定结构。大约在 1909 年，实验表明布丁模型与实验不符。1911 年，新西兰物理学家卢瑟福（1871—1937）提出了原子的有核模型，该模型能很好地解释 α 粒子的大角度偏转，却说明不了原子的稳定性，因为该模型本身就是一个不稳定的模型。卢瑟福的研究生玻尔试图解决这一问题，于 1913 年 3 月、6 月和 8 月发表论文《原子和分子的结构》（分Ⅰ、Ⅱ、Ⅲ三个部分），该论文把普朗克的量子假说以及爱因斯坦的光子假说创造性地用来解决原子结构和原子光子假说和原子光谱的问题，提出了量子化的原子结构理论。

然而，玻尔的理论却因为内在的不协调而备受指责，哥本哈根学派意识到需要重新认识电子的行为，对玻尔理论作进一步的改造。在玻尔量子论和 1923 年德布罗意提出的物质波假设的基础上，产生了两个等价的量子力学理论：矩阵力学和波动力学。1928 年，狄拉克提出电子的运动方程——狄拉克方程，他把量子论和相对论结合在一起，完美地解释了电子自旋和电子磁矩的存在，并预言了正负电子对的湮没与产生。

20 世纪的前 30 年是原子物理学的黄金时代，伴随着量子力学的建立而快速发展。但随着众多物理学家注意力向原子核和基本粒子的转移，在其后相当长的一段时间里，原子物理的发展受到了一定的影响。

然而，原子是从宏观到微观的第一个层次。随着近十年来空间物理学、核能技术、宇宙学、生物学等一些重要的基础学科和技术对原子物理学需求的强化，原子物理学又得到显著的恢复，不仅诞生了一大批三级学科，而且像原子光谱与激光技术等一批下游技术也成绩斐然。

二、原子核物理学

原子核物理学起源于放射性的研究。在其早期，卢瑟福已经发现放射性物质所发出的射线实际上属于不同的几种，他把带正电的命名为α射线，把带负电的命名为β射线，把那些不受磁场影响的电磁波称为γ射线。1910年，卢瑟福用α粒子轰击原子，发现了原子核的存在，从而建立了原子的有核模型。

如果原子有核，那么原子核是由什么构成的呢？1919年，卢瑟福用加速的高能α粒子轰击氮原子，结果发现有质子从氮原子核中被打出，而氮原子变成了氧原子。这可能是有史以来人类第一次真正将一种元素变成另一种元素，几千年来炼金术士的梦想第一次成为现实。但是，这种元素的嬗变暂时还没有实用价值，因为几十万个粒子中才有一个被高能粒子打中。到1924年，卢瑟福已经从许多种轻元素的原子核中打出了质子，进一步证实了质子的存在。

发现了电子和质子之后，人们开始猜测原子核由电子和质子组成，因为α粒子和β粒子都是从原子核里放射出来的。但卢瑟福的学生莫塞莱（1887—1915）注意到，原子核所带正电数与原子序数相等，但原子量却比原子序数大，这说明，如果原子核只是由质子和电子组成，它的质量将是不够的，因为电子的质量相比起来可以忽略不计。基于此，卢瑟福早在1920年就猜测可能还存在一种电中性的粒子。

按照这种思路，卢瑟福的另一位学生查德威克（1891—1974）在卡文迪许实验室里加紧寻找这种电中性粒子。他一直在设计一种加速办法使质子获得高能，从而撞击原子核，以发现有关中性粒子的证据。终于在1932年发表论文《中子可能存在》。他指出，γ射线没有质量，根本就不可能将质子从原子核里撞出来，只有那些与质子质量大体相当的粒子才有这种可能。此外，查德威克还用云室方法测量了中子的质量，确证了中子确实是电中性的。中子就这样被发现了。中子的发现在理论上为原子核模型的建立提供了重要依据，并且开启了核能应用的大门。

就在查德威克发现中子的当年，海森伯当即提出，原子核是由质子和中子组成的。从前的质子—电子模型不能解释许多实验现象，而质子—中子模型则可以很好地说明原子量和原子序数问题。新模型很快为人们所接受，质子和中子统称为核子。核子是如何构成原子核的呢？这又是一个新问题。试图给出回答的有影响的模型先后有玻尔的液滴模型、迈耶尔（1906—1972）和詹森（1907—1973）的壳层模型、波尔的儿子A. 玻尔（1922— ）的综合模型。但这些模型都难以独立地概括和解释全部实验事实，最主要的原因是人们尚不知道核子的相互作用情况。

当时已知的两种普遍存在的相互作用：一是引力；一是电磁力。但这两种力均不足以解释核内质子与中子的结构情况。中子是电中性的，因此，它们之间不可能有电磁相互作用；而引力过于微弱，靠它绝无可能保持原子核的稳定性。在核内部必定存在着一种新的作用力，它具有吸引性，而且与电荷无关。

1935 年，日本物理学家汤川秀树（1907—1981）提出了“交换粒子”的概念，作为新相互作用理论的基本概念。他认为，电磁相互作用的本性在于电磁场之间相互交换场量子 γ 粒子，而核力也是通过这种方式进行的，只不过所交换的是一种新的粒子，其质量约为电子的 200 倍，介于质子和电子之间，因此可以称为介子。不久，美国物理学家安德森（1905－?）真的在宇宙线的研究中发现了一种质量约为电子的 207 倍的粒子，但它不是传递核力的那种介子，人们将之称为 μ 介子。1947 年，英国物理学家鲍威尔（1903—1969）终于在宇宙线中发现了另一类介子，其质量为电子的 273 倍，经反复检测，确定是汤川秀树所预言的介子，被命名为 π 介子。

人们发现 π 介子传递方式产生的相互作用具有这样的特点：强度极大、独立于电荷、作用距离和作用时间均极短。这种相互作用被称为强相互作用。1933 年，意大利物理学家费米（1901—1954）在研究原子核的 β 衰变时，发现了另一种相互作用，后来称之为弱相互作用。

随着实验的发展，人们认识到弱作用和强作用有很大的不同。其中一个著名的差异是，有些守恒定律在强作用下成立，而在弱作用下并不成立。华裔美国物理学家李政道（1926—　）、杨振宁（1922—　）于 1956 年提出了弱相互作用下的宇称不守恒定律，被认为大大深化了人类对微观世界的认识。不久之后，另一位华裔美国物理学家吴健雄以其出色的实验证实了这一理论。

现在我们知道了宇宙间的四种相互作用力：引力、电磁力、强作用和弱作用。这四种力之间是否存在一种更深层次的统一性呢？爱因斯坦生前致力于统一电磁力与引力，但由于条件不具备而收效甚微。1961—1968 年间，美国物理学家格拉肖、温伯格和巴基斯坦物理学家萨拉姆先后提出了弱相互作用与电磁力的统一模型。这个模型很好地解释了已知的许多基本定律，而且给出的预言也得到了后来实验的验证，被认为是一次成功的统一。格拉肖、温伯格和萨拉姆共同荣获了 1979 年的诺贝尔物理学奖。

在应用方面，重核裂变的研究直接导致了原子弹、核电站等一系列核能技术的开发和利用。对此，我们将在第 9 章详细介绍。

三、粒子物理学

自 20 世纪 30 年代起，随着原子研究从原子核向基本粒子的突破，粒子物理学逐步成为物理学的一个分支学科。它虽然研究的是物质世界的最小构成，但却有着罕见的大学科派头——投资高，设备大，研究周期长，研究内容影响深远，是对一个国家财力和研究实力的极大考验。

粒子物理学研究基本粒子的规律。所谓基本粒子即组成物质的最小基本单元，到目前为止，现已发现较稳定、寿命长的基本粒子有 30 多个，而那些不太稳定、寿命较短的基本粒子则有 400 多个。粒子分为三大类，每一类都同时包括有物质粒子和对应的反物质粒子。例如，第一类叫重子，包括核子（中子和质子）和超子，目前的理论认为它们是由 6 种被称为夸克的更小单元组合而成的三合物。第二类叫轻子，其代表是电子，它们通常都比中子和质子轻，但仍具有质量。第三类叫玻色子，其中就包括有电磁波的光子，又叫光量子，它们没有静止质量。科学家认为玻色子是携带自然界已知的 4 种力的矢量。这 4 种力是电磁力、引力、强相互作用和弱相互作用。其中后两种力支配着放射性衰变，以及在原子核内把基本粒子结合在一起。①

最先发现的是正电子。早在 1928 年，狄拉克在建立相对论的电子运动方程时，就从理论上预见了正电子的存在。所谓正电子，除了带正电外，其余性质与电子完全一样。1932 年，美国物理学家安德森在宇宙线的研究中证实了正电子的存在。不久又发现，正负电子相遇即迅速湮灭，转化为两个光子。

第二项重要的发现是中微子。1922 年，在研究原子核的 β 衰变时发现有能量莫名其妙地消失了。为此，玻尔曾一度猜想能量守恒定律是否在微观领域不再适用。但大多数物理学家不同意玻尔的意见。1931 年，玻尔的学生、奥地利物理学家泡利（1900—1958）提出了中微子假说，认为在衰变中放出了一种静止质量为零、电中性、与光子有所不同的粒子，所以出现了能量亏损。由于这种新粒子质量为零，又不带电，所以很难被观测到。泡利的中微子假说因而被认为只是为了挽救能量守恒定律而提出的一种特设性假说。但到了 20 世纪 50 年代，高能实验室发展起来了，中微子终于被观测到了，泡利的假说最终得到了证实。

20 世纪 60 年代以后，大型和超大型的高能加速器相继建立起来，越来越多的基本粒子被发现，这使得物质的微观结构和规律又变得复杂了。首先必须有一套办法将它们区别开来。为此，引入了量子数的概念来标记每种基本粒子的特性。但是给基本粒子排序很不容易，为了排出某种序列来，不得不增加它们的量子数种类，可是量子数种类太多了，那些不断涌现的新粒子又不能纳入已经排定的序列中来。

---

① 麦克莱伦第三，哈罗德·多恩. 世界史上的科学技术. 王鸣阳译. 上海：上海科技教育出版社，2003. 413.

1961 年，美国物理学家盖尔曼（1929— ）等人排出了一张基本粒子的“周期表”。这张表揭示了基本粒子在许多性质上存在着对称性，所以是一张对称图。有意思的是，依据对称图对有关空位作出的预言，于 1964 年被实验证明是成立的。1964 年，盖尔曼正式提出了基本粒子结构的“夸克模型”。在这一模型中，有三种不同类型（被称为具有三种“气味”）的夸克：上夸克、下夸克和旁夸克。在相互作用中强子的生成、湮灭和转化均可归结为夸克的重新组合。该模型还指出了某些不允许出现的组合，而且这些被禁止的组合果然没有在实验室中发现。夸克模型出现后，很快吸引了理论物理学家们的注意力，被认为是统一基本粒子的一个卓有成效的方向。

然而，新的实验事实层出不穷。夸克概念刚提出不久，就被认为性征过于单一，于是又增加了一维参数，称为“颜色”。这个颜色性征让每个夸克都具有红、黄、蓝三种基色。当然，这里的“色”均是一种借喻，并非它真有什么我们人类能看见的颜色。正像电子拥有电荷而出现了电动力学，以及量子电动力学一样，关于夸克的色荷也出现了一门量子色动力学。

盖尔曼起初并没有把夸克当成物质实体，认为其只不过是数学模型而已。但由于夸克模型在解释实验事实上越来越成功，人们开始越来越相信夸克确实就是存在于更深层次的物质实体。在追寻夸克方面，欧洲原子核研究组织、美国布鲁克海文实验室、费米实验室、斯坦福大学加速器中心等都试图取得成功。然而，目前人们还没有找到一种自由夸克。

如果夸克确实是实体，为什么实验总是发现不了呢？对此，有人提出了夸克禁闭假说。意思是说，之所以看不到单独的夸克，可能是因为自然界中根本就不可能有自由夸克。今天多数物理学家倾向于认为，由于夸克间的相互结合力随距离的增大而急剧增大并趋向无穷，夸克可能永远被禁闭。

夸克禁闭理论是对物质无限可分理论的一个挑战，它表明物理学家不能再找到质量和尺寸更小的粒子来充当更深层次的理论，夸克已成为分割的极限。

不过，在实验中也发现了一些无法用夸克模型解释的现象。所以，人类是否能找到自由夸克，目前还很难下定论。

第二节　现代宇宙学

我们发现星云越小越暗，数目就越多，由此可知我们的视野正在越来越远地进入太空深处。当我们看到用最大的望远镜能观测到的最暗星云时，那就到达已知宇宙的边界了。

——埃德温·哈勃

宇宙如何起源？宇宙是有限的还是无限的？宇宙的结构是怎样的？……这一系列问题，在20世纪以前常常是哲学家探讨的问题，然而相对论和量子力学的变革却催生出了现代宇宙学，并为之提供了理论和实验的基础。理论基础是爱因斯坦的广义相对论，实验基础是大尺度星云红移现象的发现。①

一、夜黑佯谬与引力佯谬

19世纪天文学家关于宇宙的两个佯谬为现代宇宙学指明了探索的方向。第一个是德国人奥尔伯斯（1758—1840）于1820年提出的“夜黑佯谬”：如果宇宙空间是无限的，恒星均匀地分布在这无限的空间之中，并且如果每个恒星都像太阳那样发光，那么我们就不应该有黑夜，我们的黑夜就应该像白天一样亮，而太阳就应该陷于一片光亮的背景之中，不被我们看到。

理由是这样的：恒星虽然离我们远从而光度减小，但只要它们均匀地分布，那么越远的地方，恒星的数目就越多，光度的减少量正好能被它们数目的增加所弥补。这就像一个人站在一个大森林里，举目望去，到处都是黑压压的树一样。

可是，我们的经验却分明是，一旦太阳下山，天空就开始变黑，如果没有月亮，有时甚至会变得伸手不见五指。这是怎么回事呢？“夜黑佯谬”规定了任何宇宙模型都必须满足使夜空黑暗的条件。

第二个是德国人西利格1894年提出的“引力佯谬”：按照万有引力定律，对于某一给定点而言，离它越远的地方引力势越小，直至为零；也就是说，万有引力定律总是默认对任何一个体系，其无穷远处的引力势为零。这意味着牛顿理论得以适用的宇宙，实际上是一个有限的宇宙。如果无限宇宙中处处均匀地存在着恒星，那么宇宙中任何一点的引力势都会成为无穷大，所有

---

①　张密生．科学技术史（第2版）．武汉：武汉大学出版社，2009. 233.

的物质都会在这样强大的引力中被撕个粉碎，而这显然是不正确的。

二、大爆炸理论的建立

为了消除上述两个佯谬，1917 年，爱因斯坦发表了《根据广义相对论对宇宙的考察》一文，提出了一个“静态、有限无边”的宇宙模型。这个模型被通称为“爱因斯坦宇宙”，是第一个现代宇宙模型。为什么是“有限无边”？因为爱因斯坦的宇宙是黎曼式的非欧几里得几何时空，其弯曲程度由物质分布所决定，既然是弯曲的闭合的思维连续体，那么自然是范围有限但又没有边界的了。如果从二维连续区（如地球表面）来理解这种有限而无边就更容易了。早在公元前 3 世纪，中国的名家思想家就提出了“南方有穷而无穷”“我知天下之中央，燕之北、越之南是也”等著名悖论。由于地球是球形的，因此南方既可说有穷又可说无穷。又由于地球是球形的，地面上任意一点（不管“燕之北”“越之南”）都是整个球面的中心。换句话说，球面可以以任一点为中心展开为平面。从地球表面本身来看，它正是有限而无边的。至于“爱因斯坦宇宙”的“静态”，只具有拯救现象的意味。那只是爱因斯坦的简化假定，即宇宙整体上应该是静态的，该假定用以说明宇宙间物质分布是大体均匀的，而且这种宇宙大尺度上的特征并不随时间而变化。然而，爱因斯坦的引力场方程只能得出一个动态解，所以他人为地加了一个宇宙常数 λ，以维持宇宙的静态。λ 相当于斥力，如果宇宙斥力与引力互相抵消，就得到了一个稳定的平衡宇宙。

几乎与爱因斯坦同时，荷兰天文学家德西特（1872—1934）得出了一个膨胀的宇宙模型。1922 年，苏联物理学家弗里德曼（1888—1925）得出了均匀各向同性的膨胀或收缩模型。1927 年，比利时天文学家勒梅特（1894—1966）再次独立地得到了这一模型。弗里德曼后来发现，满足广义相对论、只有引力存在的宇宙模型必定是不稳定的，基于爱因斯坦的引力场方程所得到的宇宙模型必定是动态的，或者膨胀，或者收缩，而且膨胀和收缩的速度与距离成正比。

1929 年，哈勃（E. P. Habble，1889—1953）发现了著名的哈勃定律。他分析了他已测定了距离的 24 个星系，发现红移和距离呈线性关系：星系的距离越大，它的谱线红移量（即退行速度）越大。这就是著名的哈勃关系式：

$$V = H_0 r$$

其中：V 指退行速度，r 指相对距离，H_0 是哈勃常数，修订后 $H_0 = 75 \pm 25$ 千米/秒/百万秒差距。它表明膨胀的速度，即星系离我们的距离每相差

100 万秒差距，退行速度增加 75 +25 千米/秒。不久，英国人爱丁顿把它与勒梅特的宇宙膨胀学说联系起来，认为红移的普遍存在和哈勃定律是宇宙膨胀理论的证据。但是，宇宙为什么会膨胀？就哈勃关系式而言，当距离 r 足够大时，退行速度 V 岂不是要超过光速？若一直倒推到若干亿年，宇宙的尺度岂不是将无限小，密度却无限大？这些问题都有待于解释。

1932 年，勒梅特进一步提出了宇宙演化的设想。认为整个宇宙发源于一个致密的“原始原子”，后来发生猛烈爆炸，碎片四散，逐渐演变为今天的形态。他采用了历史上阿基米德、拉普拉斯、康德等人都用过的口吻说：“给我一个原子，我将用它造出一个宇宙！”①

勒梅特的思想为伽莫夫（G. Gamov，1904—1968）所发展。1948 年，伽莫夫在《演化的宇宙》一文中把核物理学知识与宇宙膨胀概念结合起来，把宇宙起源与化学元素的起源联系起来，创造性地提出了“大爆炸理论”。其主要观点是：宇宙不但在膨胀，而且在降温，即宇宙有一个从热到冷的演化历史。在大爆炸之初，宇宙是一个超高温、超高密度的“原始火球”。里面充满着辐射和质子、中子、电子等原始物质。超高温超过几十亿度。由于基本粒子的核聚变反应，引起爆炸而向外膨胀，温度和密度急剧下降，其间所产生的各种元素演变为后来的各种物质，物质逐渐凝聚成星云，进而演化为今天的各种天体。大爆炸有残余辐射遗留下来，这种“宇宙灰烬”弥漫空间。

伽莫夫是一位幽默而有文学天才的科学家，他写过多部优秀的科普作品，如《物理世界奇遇记》《从一到无穷大》等。伽莫夫觉得自己的姓和希腊字母 γ 同音，他的学生阿尔菲尔（Alpher）与 α 同音，正好研究所里还有一位叫贝塔（1914—1997）的核物理学家，贝塔和 β 同音，伽莫夫就拉他一起研究，最后三人联名发表了《αβγ 理论：化学元素的起源》，以幽默的方式展示了其关于宇宙之初的研究。

大爆炸宇宙理论不仅很好地解释了星系的谱线红移这一宇宙整体特征，而且作出了两项可检验的预言：氦丰度和微波背景辐射。

该理论所描述的宇宙时代包含氢核合成氦的时代。以这种理论估计，现今宇宙中残余的氦丰度为 25% 左右。目前，射电天文学家在整个银河系内和许多近邻星系中都发现了氦，甚至在称为类星体的明亮而遥远的天体中也探测到了氦。在所有发现氦的场合中，有力的证据表明，无论在哪里，只要有 1 个氦核便有 10 个氢核，既不过多也不过少。宇宙中这种普适的氦丰度亦被视为大爆炸宇宙论的有力证据。

---

① 转引自中国科学技术大学天体物理组．西方宇宙理论评述．北京：科学出版社，1978. 187.

进而，根据宇宙的氦丰度和膨胀速度可以推算宇宙在不同时期的温度。大爆炸理论预言：随着宇宙的不断膨胀，温度不断下降，各类元素开始形成，但原初辐射与物质元素脱离耦合后仍保持黑体谱（以光子的形式）。黑体辐射的温度已降到5K左右。1964年5月，美国贝尔实验室工作的射电天文学家彭齐亚斯（A. A. Penzias，1933—　）和威尔逊（R. W. Wilson，1936—　）利用实验室的超灵敏度接收天线进行测量，发现一种过剩的噪声辐射无法消除，相当于3.5K的辐射。此后大约8个月的测量表明，这种噪声辐射的各向同性，与季节变化无关，因此不可能来自任何热定辐射源。最后他们确认，这正是一种宇宙背景辐射。这又是一个可观测的宇宙整体特征，而且成了大爆炸宇宙理论的最有力支持。威尔逊和彭齐斯因此获得了1978年的诺贝尔物理学奖。

大爆炸模型第一次把元素的形成和演化与宇宙整体的形成和演化联系起来，把核物理学的成果和广义相对论结合起来，扩展了宇宙学的理论基础，它的两个预言又被实验观测成功证实了。因此，大爆炸宇宙模型很快得到了大部分天文学家、物理学家的认可，被称为“标准宇宙模型”。不过，这对于宇宙及早期（1秒钟内）演化的认识还是相当模糊的。所以后来又出现了一些新的模型，旨在对标准模型进行补充。

1981年，美国物理学家古斯（Guth）提出了第一个宇宙极早期的暴胀模型。以后又出现了若干个其他的暴胀模型。这些模型有两个共同的特点：第一，肯定了宇宙极早期有过一个暴胀的阶段，大约发生在10^{-36}秒前后。所谓“暴胀”，指的是按指数规律［$R(t)-e^{t}$］膨胀，使宇宙的空间尺度在极短时间内扩大了10^{50}倍，从而有别于在此之前和之后的一般膨胀［$R(t)-e^{1/2}$］通过暴胀就好像把短短的不到一秒钟的时间放大了，使之可以划分为几个阶段，便于更清晰地揭示宇宙极早期演化过程的细节。第二，把宇宙极早期的演化与高能物理的成果结合起来。具体来说把宇宙极早期的演化与量子场、统一场的研究结合起来。使大爆炸理论中存在的若干难题在原则上得到了解决。暴胀理论认为实物粒子不产生于“原始火球”而是产生于真空（基态的量子场）。随着温度下降，真空发生相变，释放出来的能量便转化为粒子。暴胀期间真空可以发生一系列的相变，产生一系列成对的粒子。真空相变的过程也就是真空对称性破缺的过程。随着一系列真空相变的发生，统一场也就逐渐破缺为粒子间不同的相互作用（四种相互作用）。而重子数的不守恒（粒子数大于反粒子数）也和真空对称性破缺相关。比如，根据“大统一”理论（强、弱、电磁作用的统一），轻子和夸克可以相互转变，因此，质子可以衰变为轻子，这本身就使得重子数的不守恒有了可能。一旦这种大统一发生破缺，轻子和夸克不能再相互转变，那么重子数的不守恒也就成了事实。随着温度的降低，真空相变不再发生，粒子也不再产生了。以后绝大部分（成对的）粒子将碰撞而湮灭，转化为光子，因为重子数不守恒，所以还有少量幸存的重子。这就是重子数比光子数为 1∶108 倍的原因，至于为什么幸存的重子是正的而不是反的，这只能说是一种纯粹的偶然。

暴胀理论为宇宙极早期的演化补充了不少的细节。不过需要说明的是，有关“大统一”、轻子与夸克的转化以及质子的衰变等都还只是假说，并没有实验和观察上的依据，还有待于进一步的检验。当然，即使这些假说得到确证，也只是解释了粒子的起源，如果进一步问真空又是什么来的呢？暴胀之前的宇宙又是什么样的呢？这些追溯都将引出关于宇宙创生的问题。

三、宇宙的创生

1970 年，霍金（1942—　）和彭罗斯证明，只要广义相对论是正确的，那么，在以此为基础的所有宇宙模型中，“奇点”将不可避免，从而使问题更加尖锐。“奇点”的存在意味着什么？至少有两种可能：第一，宇宙是有开端的，“奇点”就是开端；第二，理论是有局限的，在“奇点”处就失去了意义。爱因斯坦本人倾向于第二种可能，他指出：“当场和物质密度极大时，场方程甚至它们之中的变量应失去意义。所以我们不能假定当场和物质密度较大时，场方程仍是正确的，并且能得出结论说，‘膨胀的开端’应当意味着数学意义上的奇性点。所以我们应注意到，很可能不能把方程推广于这样的领域。”霍金也有同感，他指出：“在某种意义上说，经典广义相对论由于预言无限大密度的点而预示了自身的垮台。”那么问题在哪里呢？霍金认为关键在于“其中并没有考虑量子力学的测不准原理，而为了和其他理论一致这是必须考虑的”。“在这样强的场里，量子力学效应应该是非常重要的”。①

把相对论和量子力学结合起来，霍金等人于 1983 年提出了量子宇宙论。该理论认为时空测量是有限度的。因为按照相对论，不同的观察者将观测到不同的时间值。因此，从原则上说，要进行精确的时间测量，就必须精确地知道测量者的运动轨道。然而根据量子论，原则上不可能精确地知道任何一个物体的轨道。所以说精细的时空测量是根本不可能的，也就是小于一定限度的时空是不可能测量的，因此也是没有意义的。宇宙的演化实际上只能上溯到 10^{-43} 秒，这就好比给奇点加了一个保护套。

① 霍金. 时间简史. 许明贤，吴忠超译. 长沙：湖南科学技术出版社，1992. 66.

霍金的量子宇宙学在现代宇宙学中处于核心位置，但争议颇大，至今没有得到科学界的普遍确认。其他科学家也提出了他们各自不同的宇宙模型：有的天文学家并不接受大爆炸模型，认为被用来说明宇宙膨胀的星光谱红移可能是由于光在旅途中损失了能量后造成的，因而提出了疲劳光宇宙。除此之外，还有人提出了稳恒态宇宙、星系和反星系宇宙、收缩宇宙、冷宇宙等模型。

现代宇宙学是当今自然科学的生长点之一，无论是理论还是观测都呈现出百家争鸣、生机勃勃的局面。它也具有强大的聚合力，将广义相对论、量子力学、粒子物理学等聚合在一起，以探究浩瀚宇宙的奥秘。目前，作为现代宇宙学之基础的物理学理论还有许多未解之谜。例如，强相互作用和引力相互作用仍然没有被统一起来，原子核物理学也还没有打开夸克禁闭的大门，人类对暗物质和反物质还知之甚少。人们期待新物理学的诞生，也期待宇宙学的突破。

第三节　生命科学

20 世纪以来，化学、数理统计和量子物理学的概念和方法先后渗透到生物学中来，引起了生物学的深刻革命。这场革命成功的主要标志是“分子生物学”的诞生。关于基因实质的 DNA 双螺旋模型和遗传密码的破译是两项最关键的突破。

一、孟德尔遗传定律及其重新发现

遗传学由于孟德尔的研究工作才真正被确立为科学。孟德尔(G. Mendel，1822—1884）的主要贡献在于，他立足于豌豆杂交实验，借助于假说演绎法，提出了“遗传因子”概念，发现了分离定律和自由组合定律。“遗传因子”对于遗传学的重要性与“元素”在化学上的地位是相当的，因此，孟德尔后来被誉为“植物学上的拉瓦锡”。孟德尔的主要论文是《植物杂交实验》(1865)。遗憾的是，由于各种各样的原因，这篇划时代的论文并未引起人们的注意。孟德尔于 1884 年默默无闻地去世了。

直到 20 世纪初，三位互不相识的生物学家各自独立地发现了孟德尔的法则。他们是荷兰的德・弗里斯（H. de Vries，1848—1935)、德国的柯林斯(C. Correns，1864—1933）和奥地利的切马克（E. Seysenegg - Tschermak，1872—1962)。当时，他们都正在从事植物的杂交实验工作。正当自己的工作快要结束时，他们偶然发现了孟德尔的论文，而且发现孟德尔早就得出了自己正要得出的结论。三位植物学家不约而同地发现了孟德尔曾经发现过的遗传定律，这个戏剧性的事件被称为“孟德尔的再发现”。1901 年，孟德尔的两篇论文《植物杂交实验》及《人工授粉得到的三柳菊属的杂种》重新以德文发表。当年，英国生物学家贝特森（1861—1926）将之译成英文，并向英国生物学界传播孟德尔的学说。1906 年，贝特森第一次提出了“遗传学”一词，以称呼这门研究生物遗传问题的新学科。孟德尔的再发现，开辟了遗传学的新纪元。

二、染色体、基因与基因学说

孟德尔学说的一个核心概念是“遗传因子”，但“因子”并不是一个专名，丹麦遗传学家约翰逊（W. Johnson，1857—1927）提议将孟德尔的遗传因子正式定名为“基因”（gene），于是基因便成了遗传学的一个核心概念。值得注意的是，基因不是生命物质本身，而是关于生命的信息，这种信息是由生命物质及其结构来表达的。基因使得信息概念成为生命科学探索的核心。这不但有别于以物质和能量概念为核心的物理学和化学，还给生理学、解剖学、胚胎学甚至进化论注入了新的内容。

由于有遗传因子的遗传作用，生物在进化过程中就不是连续的变异，而是不连续的变异，这与达尔文的连续变异的进化思想是不同的。如果孟德尔的理论是正确的，那么他所谓的“遗传因子”究竟在细胞中的什么地方呢？当时关于细胞的生物化学研究已经有了一定的深度，1879 年，德国解剖学家弗莱明（1843—1905）运用染色的方法观察细胞，发现细胞中的有些部分能吸收某些染料，有些则不能吸收。在细胞核中，有一些物质大量吸收他当时所用的碱性苯胺染料，他便称这些物质为染色质。1882 年，弗莱明在观察细胞分裂的过程中，发现染色质扮演着一个十分特殊的角色。分裂一开始，染色质缩成短短的线状体（后来被称为染色体）。在分裂的过程中，染色体数目增加一倍。分裂完毕后，两个子细胞各分得与母细胞相同数目的染色质。

孟德尔定律再发现后，人们马上想到染色体可能就是遗传因子。美国生物学家萨顿（W. S. Sutton，1877—1916）最早提出细胞的染色体和遗传因子之间存在着平行关系。他在《遗传中的染色体》一文中证明了染色体总是成对存在的，而每个性细胞只具有每一对染色体中的一个。然而，染色体数目很少，如豌豆只有 7 对，人也只有 23 对，但遗传特征却是多样的。因此，萨顿猜想，每条染色体上带有多个遗传因子。1906 年，贝特森发现，豌豆的某些特征确实总是与另一些特征一起遗传，这就说明萨顿的猜想是有道理的。

染色体显然不是基因，但可以肯定基因就存在于染色体内。它们是如何排列的呢？这个问题留给了美国生物学家摩尔根（T. H. Morgen，1866—1945）。摩尔根用果蝇做遗传学实验。1910 年，他在一群红眼果蝇中发现了一只白眼雄果蝇。当他用这只白眼雄果蝇同这些红眼果蝇交配时，发现第二代白眼果蝇全部都是雄性。这就说明，决定白眼的基因与决定性别的基因是联系在一起的。由于实验已经证明性别是由染色体决定的，因此，白眼基因也一定在染色体上。这是染色体作为基因载体所获得的第一个实验证据。

更进一步的实验表明，一条染色体上可以有许多基因。摩尔根和他的学生们经过十多年的努力，终于建立了基因遗传学说（1919，1926，1933）。其主要内容是：①基因是真实的遗传单元，是“染色体上的物质微粒”；②基因坐落在染色体上，像一串念珠，它总是与一定的连锁群相关；③细胞分裂时，基因能精确复制；④基因的突变是罕见的但能保持；⑤同源染色体中等位基因相互吸引。

摩尔根学派的研究工作，提高了孟德尔学说的地位，使得它从拯救现象的数学假说，转变为具有物理真实性的理论。摩尔根也因此获得了 1933 年的诺贝尔生理医学奖。

摩尔根相信基因与原子和电子一样，虽然看不见，但都是一种物质实体。然而，摩尔根并没有彻底弄清基因在染色体上是怎样表达的，染色体上的基因连锁群内部仍是一个充满未知的世界。1926 年，摩尔根在《基因论》中表示，确定基因的物质实在性，需要等到生物化学发展到一定程度才有可能。

三、DNA 双螺旋模型的建立与分子生物学的诞生

分子生物学起源于生物化学的研究。生物化学学派对核酸和蛋白质的研究，为弄清基因的化学本质奠定了基础。核酸的发现者是米歇尔（J. F. Miescher，1844—1895），他在从病人绷带上取下来的脓细胞中，发现了一种与蛋白质不同的物质，称之为核素。由于它呈酸性，后来改称核酸。

同一时期，科赛尔（A. Kossel，1853—1927）在研究来自胸腺和酵母的核素时证明存在着两种不同的核酸，即现在的脱氧核糖核酸（DNA）和核糖核酸（RNA）。

俄裔美国化学家列文（P. A. Lavene，1869—1940）在 20 年代建立了核酸的结构模型。核酸的最简结构单体是碱基—核糖—磷酸所构成的核苷酸。列文的历史贡献在于，他在化学方面所做的工作有助于建立一个对核酸的比

较清晰的图像，也有助于把核酸与蛋白质区分开来。但他的错误在于他的“四核苷酸等量假说”，以为核酸大分子只是四种核苷酸简单的重复排列。照这种看法，核酸不可能成为遗传信息载体。

打破这一僵局的是关于肺炎双球菌的研究。这种病菌有两种，一种有外膜，有传染性，另一种没有外膜，没有传染性。1928 年，英国医生格里菲思（F. Griffith，1877—1941）在观察肺炎双球菌时发现上述两类细菌发生类型转化的奇特现象。1944 年，美国细菌学家艾弗里（O. T. Avery，1877—1955）领导的研究小组用实验证明了 DNA 确实是遗传信息的载体。

但是艾弗里的工作没有马上得到公认。人们甚至怀疑艾弗里提取的转化因子并不是纯粹的 DNA，可能还含有蛋白质。德裔美国生物学家德尔布吕克（M. Delbruck，1906—1981）领导的“噬菌体小组”为 DNA 是遗传物质进一步提供了令人信服的证据。噬菌体只由一个蛋白质组成，其中含有 DNA，结构简单，繁殖又快。1952 年，“噬菌体小组”进行了噬菌体感染细菌的实验。他们采用同位素示踪法，用放射性的 P32 标记噬菌体头部的 DNA，而用 S35 标记噬菌体的蛋白质外壳。结果只有头部 DNA 注入细菌细胞，但照样能进行繁殖。蛋白质外壳始终停留在细胞之外。以此令人信服地证明了蛋白质外壳与遗传无关，核酸（DNA）是真正起作用的遗传物质。

人们不再怀疑 DNA 就是遗传物质的载体了，下一步就是要搞清楚 DNA 的化学结构以及它在蛋白质中产生什么样的化学作用，从而只配置蛋白质的合成。完成这一伟大工作的是美国生物学家沃森（J. Watson，1928—　）和英国生物学家克里克（F. Crick，1916—　）。沃森原是动物学家，克里克原是物理学家。他们在卡文迪许实验室相遇，很快发现双方都对 DNA 的分子结构极感兴趣，遂决定合作研究。1954 年 4 月，他们终于将 DNA 分子的双螺旋结构模型在《自然》杂志上公之于世。这个模型由两条右旋但反向的链绕同一个轴盘而成，活像一个螺旋形的梯子，生命的遗传密码就刻在梯子的横档上。

DNA 双螺旋结构模型的提出是生物学史上划时代的事件。它宣告了分子生物学的诞生，标志着生物学已经进入到分子水平。以此为开端，探索生命的奥秘成了 20 世纪后半叶生命科学的主流。沃森和克里克因此获得了 1962 年的诺贝尔医学与生理学奖。

双螺旋结构发现后，新的问题又来了，DNA 由 4 种碱基组成，而蛋白质由 20 种氨基酸组成，4 种碱基是如何决定 20 种氨基酸的排列组合呢？

1944 年，著名量子物理学家薛定谔出版了《生命是什么》一书，提出了遗传密码的思想。他认为，莫尔斯电码只用了点和划就可以产生几十种代号，基因分子一定也可以以如此方式进行编码。1954 年曾提出大爆炸理论的著名物理学家伽莫夫提出，DNA 的 4 种碱基可能就是基本的密码符号。如果只用两个碱基进行组合，4 种碱基只能得到 16 种可能性，比氨基酸的数目少；如果用三个碱基进行组合，则能得到 64 种可能性，又比氨基酸的数目多。于是他假定，有些氨基酸可以对应几种碱基密码。这就是著名的三联密码假说。1959 年，克里克声明支持伽莫夫的三联密码假说。这个假说后来被一系列实验所证实，到 1969 年 64 种遗传密码的含义全部得到解答。

值得指出的是，所有生物都有相同的遗传密码，从细菌到人类都如此。这就从分子水平说明了生命的统一性。遗传密码的破译导致了一门新的学科即遗传工程的出现。所谓遗传工程，就是用人工的方法将生物体内的 DNA 分离出来，重新组合搭配，然后再放回生物体中，创造新的生物品种。20 世纪 70 年代以来，遗传工程取得了重大突破，它将在农业生产和医疗卫生领域产生巨大的影响。

延伸阅读

1. 李醒民. 激动人心的年代. 北京：中国人民大学出版社，2009.

2. 霍金. 时间简史. 许明贤，吴忠超译. 长沙：湖南科学技术出版社，2010.

3. 薛定谔. 生命是什么. 罗来欧，罗辽复译. 长沙：湖南科学技术出版社，2005.

4. 玛格纳. 生命科学史. 刘学礼译. 上海：上海人民出版社，2012.

思考题

1. 试述原子物理学、原子核物理学和粒子物理学的区别与联系。

2. 现代宇宙学诞生至今主要有哪些理论和观测成就？它们之间是如何相互支持的？

3. 目前人类了解的宇宙间相互作用力有哪四种？科学家对它们了解得如何？

4. 什么是基本粒子？什么是夸克？什么是夸克禁闭？

5. 什么是基因？什么是染色体？人类有多少个基因？它们的物质载体是什么？

第九章　大科学时代的科学、技术与社会

第二次世界大战开始以后，科学作为一种社会活动方式，作为一种社会组织，以及科学家之间的行为规范都发生了巨大的变化。总的特征是科学与生产的联系更加紧密，科学与社会的关系更加密切，科学家的研究活动更加社会化。人类已经进入大科学时代，这个时代的典型特点是政府或大型企业积极采取大规模的行动去把科学理论应用于实际目的，因而也是科学技术社会化的时代。它从总体上改变了我们对应用科学的看法。

第一节　大科学时代的特点

1961 年，美国物理学家温伯格最先指出当代科学发生了极大的变化，从小科学变成了大科学。1963 年，美国科学家普赖斯在《小科学，大科学》一书中又指出，由于现代科学取得了如此辉煌的成就，科学已经成为国民经济的重要支柱，现代科学的规模如此之大，社会对科学的投入如此之巨，以致我们不能不用“大科学”一词来称呼它。

大科学是相对于小科学而言的。所谓小科学，是指历史上那种传统的以增长人类知识为主要目的、以个人的自由研究为主要特征的科学。与小科学相比，大科学具有自己鲜明的特点：

1. 大科学是社会化、工业化的科学

科学研究作为一种社会活动经历了三个阶段。第一阶段是近代科学产生到 19 世纪末，是科学家个体进行自由研究的阶段。实验室规模很小，科学家带一两个助手靠自制仪器进行研究。科学活动带有个人奋斗、个人爱好的色彩，和生产关系不紧密，法拉第与牛顿的科学实践就是明显的例子。科学社会学家约翰·齐曼说：“当时是很少从事专职研究的。……自然科学可以说是一种令人着迷的嗜好，医生、教授、神父、修道士、贵族甚至于一个店主都会沉湎于这种嗜好，就像今天他可能会热衷于下棋或爬山一样。在这个时期，

大多数上层或中层阶级的人士确实过着悠闲的生活，科学研究完全是少数受过良好教育或知识上有好奇心的热情者的业余活动。”① 第二阶段开始于19世纪末，随着工业规模的扩大，实验室规模增大，设备比较复杂，科研团队一般由几十人组成，科学研究成了一种相当专门化的活动，进入科学家集体组织研究阶段。卡文迪许实验室、爱迪生实验室、李比希实验室就是典型的例子。例如1871年由剑桥大学校长捐助建造的剑桥大学卡文迪许实验室就有研究人员20人。麦克斯韦的电磁场理论、汤姆生发现电子、卢瑟福发现原子结构，都是在这个实验室做出的。又如，1876年爱迪生投资2万美元建立爱迪生实验室，有100名研究人员在那里工作。此时，大学成了基础科学研究的策源地，大学教授成了科学研究的主力军。这时，科学家必须在一个集体中工作，扩展主要研究者即大学教授的智力，但结合比较松散，个人自由独立研究仍然是学术研究推崇的准则。所以第一、第二阶段都属于小科学阶段。

第三阶段是科学研究社会化、工业化的大科学阶段，开始于20世纪30年代。此时，由于科学向微观与宏观深入与扩展，实验室的规模空前巨大，耗资巨大，要求多学科和多种人才共同配合，实验室变成几千人的城市。最典型的例子是高能物理实验室、原子弹和氢弹的研制以及阿波罗登月计划的实施。美国费米实验室，仅加速器设备的费用就高达4亿美元，美国氢弹研制的发明的经费为20亿美元，阿波罗登月计划耗资300亿美元，后来美国“星球大战”计划用资2 000亿美元。这时科学家在严密的社会组织管理和分工下进行工作，科学家变成科学工人。这个阶段又称为科学家的国家组织协调阶段，因为许多重大的项目需要国家出面协调甚至各国之间相互协调才能完成。

2. 大科学是科学—技术—生产一体化的科学

新时期科学的特点是与技术、生产、经济、军事密切结合。这是因为：①科学研究越来越依赖于强大的工业技术，如高能物理依赖少数几个国家才有的巨大加速器，地质科学、气象科学依赖于资源卫星和气象卫星等。②工业生产愈来愈依赖于科学来开辟新的工业、技术领域、核物理开辟新能源工业，固体物理开辟电子技术新领域……③从理论上的发现到技术上的发明和生产上的应用周期越来越缩短。“科研生产联合体”“科学工业区”“科学城”这些科学—技术—生产一体化组织就是它们紧密结合的必然结果。大科学的典型科学组织形式是多学科研究与开发实验室（简称R&D实验室），一些是

---

① 齐曼. 知识的力量——科学的社会范畴. 许立达等译. 上海：上海科学技术出版社，1985. 42.

设在大公司下面的，一些是国家办的。R&D 的出现大大加速了科学与生产的结合与共生。商业竞争、军事竞赛迫使它们结合起来，所以这种科学新体制是很有生命力的。

20 世纪 30 年代以来，工业性的科学组织占主导地位，科学和技术的界限越来越模糊，二者被“科学技术”概念所取代，从基础科学研究到生产技术的整个连续系统中，每一个链条都称为科学技术。于是就有了“科学技术”这个统一概念，根据联合国经济合作与发展组织（OECD）1970 年公布的《科学与技术的测量》报告，可以将科学技术划分为以下四个组成部分（详见绪论）：①理论科学和基础研究。②应用科学和应用研究。③技术开发研究。④生产技术。

综上所述，科学—技术—生产一体化以及 R&D 的科学组织使得基础学科与应用学科、科学与技术、科学家与技术家的界限逐渐模糊，乃至于泯灭。因为知识密集型工业雇用了许多经过长期高级训练的科学工作者或科学家进行技术工作和基础研究工作，而典型的科学家却又要做大量的管理工作、组织工作、技术工作。

3. 大科学知识分子工人化

在 20 世纪典型科学组织下进行工作的科学家，他们所处的科学组织，需要庞大的资金，整个都是为一定的政治、经济、军事目的服务的，他们的研究环境是在统一指挥下的工业化的严格分工下进行的，他们发表的论文是有几十人乃至上百人签名的，彻底打破了个人自由独立研究的神话。齐曼说：“科学作为一种生活方式，在过去的半个世纪中已发生了巨大变化，比起过去来，它不易区别于通常的工业、商业、管理或行政活动。”①在这种环境下，科学工作者处于二重的矛盾心理状态中：作为“科学人”，科学工作者要维护科学旨在追求真理、科学无国界、无私利等理想；而作为“经济人”和“政治人”，科学工作者又要为了利润与效率，为了企业与国家的利益而进行科学工作。生活在科学保护区的大学里，他们所接受的科学训练、动力与压力与他们出来工作以后生活在工业实验室里所受到的动力与压力 仿佛在不同的世界。他们有时提出这样的问题：“纯洁的”科学是否“出卖了灵魂”，是否“勾上了”“肮脏的”商业和“罪恶的”军事呢？

---

① 齐曼. 知识的力量——科学的社会范畴. 许立达等译 . 上海：上海科学技术出版社，1985. 215.

4. 科学价值观念的变化

现代科学研究逐渐偏离了默顿所说的以获得知识为目的的世界主义和自由主义的科学精神，走向一种实践主义的务实精神。关于这一点，可以从1985年发表在《科学的哲学与社会学》（Philosophy and Sociology of Science）上的一篇论文"科学的职业"中的调查表中体现出来。作者拟定了反映科学家价值观念的十二个问题，要求学院科学家和技术家以及工业科学家和技术家对这十二个问题的重要价值作出评价，每项数字表示重要程度（0～100），括号里的数字表示满意程度。在自由研究时间、自由选择自己的研究方案、获得基础研究的机会等项中，学院科学家中得分相当高，表明他们仍然依附纯科学的精神，而这些项目在工业科学家中评价较低，表示他们逐渐离开纯科学精神走向实践定向。应当指出，社会上的科学家，大多数是工业科学家，他们已经不完全按默顿范式行动了。

20世纪中叶以后，由于小科学发展为大科学，工业科学组织取代学术性科学组织的地位，已经成为主要的科学组织形式。世界上许多大公司的工业实验室，聘用数以千计的科学家。例如，德国BASF化学公司雇用化学家2 500人（1975年）；贝尔电话公司实验室雇用科学家人数达到5 000（1947年），占全体职工的1/3，其中10%的经费供雇员从事基础理论的研究。美国通用汽车公司雇用科学家和工程师达6 000人，整个美国4 060个公司设立了4 834个实验室。美国全部研究与开发经费120亿美元，有95亿是工业企业的研究经费（1962年）。许多工业实验室远离工厂区，有自己的园区、图书馆、讲演厅……简直是一个独立的科学社会。

除了工业科学组织外，第二次世界大战后，政府机构也发展出许多科学组织。如美国原子能委员会下属五个研究基地，美国航天与空间局（NASA），海军研究署等都是科学组织、科研机关，在组织结构上与工业科学大体相同。据1962年统计，美国科学家40%在工业，20%在国家机关，只有30%在教育机构。工业科学成了科学组织的主要形式，现在已是明摆的事实了，它的进一步发展就是工业和政府的R&D组织形式。

总之，从小科学进展到大科学，科学与技术、科学与生产、科学与社会、科学与政治的关系变得十分密切。科学的影响力越来越大，它不但可以大大造福人类而且实际上它确实大大地为人类造福；可是同时也可以极大地危害人类甚至可以毁灭人类，如果它被人们滥用的话。关于这一点，爱因斯坦说得非常清楚："以前几代的人给我们高度发展的科学技术，这是一份最宝贵的礼物，它使我们有可能生活得比以前无论哪一代人都要自由和美好。但是这份礼物也带来了从未有过的巨大危险，它威胁着我们的生存。”因此，科学家就不仅对自己的工作和科学共同体的其他成员负有伦理的义务，而且对整个社会负有道义的责任。他再也不能说，我的工作只管研究与发明，至于它的应用及其造成的道德后果，是政治家和经理们要负的责任，与我无关。这是因为，造成科学应用的后果或科学被滥用的后果，有一个因果链，在这因果链中科学家的工作，即他们的研究、发明和制造的工作是一个重要环节或必要条件。大科学的科学家们对课题选择、方法取舍、成果使用的后果不能不加以关注，事实表明，他们越来越对人类幸福、人类未来表现出极大的关心。造成科学家日益增长的责任心的原因，有几个突出的科学事件和历史事件必须提出来加以分析：核科学与核威胁、基因工程与生命伦理。

第二节　核科学与核威胁

人类不知不觉中进入了原子时代。

——阿西摩夫《从元素到基本粒子》

直到1972年，进行核试验所产生的钚使美国10多万人患癌症，而在世界范围内总数有95万多人。

——鲍林《告别战争：我们未来设想》

美国在第二次世界大战中研制和使用原子弹，标志着现代科学和技术的历史发生了一次大转折。这样讲的理由有两点：第一，制成原子弹引人注目地显示了科学的实用潜力，这就是说，使人们清楚地看到了把理论引向应用目的能够得到什么；第二，这件事表明，政府如果以充分的资源积极支持大规模的科学研究与开发的话，将会产生怎样的效果。

一、核科学的兴起

20世纪30年代，是微观物理学取得飞跃发展的时期。这时物理学家们已掌握了20世纪最伟大的理论发现即相对论与量子力学，他们忙于运用它们来认识物质的深层结构，即原子的内部结构。1932年英国科学家查德威克发现中子。1934年法国科学家约里奥·居里夫妇用α粒子轰击硼、铝、镁等类物质，使它们成为放射性物质，于是发现了人工放射性，即人工制造出放射性元素。而意大利物理学家费米以中子代替α粒子轰击各种物质，产生人工放射性元素效果更佳，于是发现大量的放射性同位素。不久，核科学家发现，几乎周期表中所有的元素都有其放射性同位素。然而决定性的发现是在1938年底（发表于1939年1月），德国物理学家哈恩和斯特拉斯曼用中子轰击铀，结果打破了原子核使之分成质量约相等的两块，并在裂变过程中释放出大量能量的认识，经哈恩的前合作者奥地利物理学家梅特涅解释，知道它们就是化学元素钡和锝，这个发现由前往美国访问的伟大的物理学家波尔带到华盛顿的物理学家大会，立即轰动全球。一个月内，物理学家们六次宣布重复实验成功。至此，核科学家们都停留在纯粹科学理论和纯粹科学事实的研究。物理学家们热衷于探索微观世界的奥秘：各种元素原子核的组成是什么，它们的结构如何，以及怎样从一种结构裂变或聚变为另一种结构。

但不知不觉，纯理论的研究转变为应用的研究，即对是否可能将核能释放出来的问题进行探索。当时许多物理学家们认为这是异想天开的事，只有像齐拉德（L. Szilard，1898—1964）这样执着的物理学家，早在1935年就意识到原子弹的研发可能带来政治军事后果。他向许多原子科学家建议，鉴于通过核裂变，链式反应的可能性很大，后果严重，是否应该暂缓发表他们的研究成果。很多人拒绝了齐拉德的建议，认为其操心过早。但是，1939年初情况变了。1939年3月，费米、齐拉德等人在哥伦比亚大学实验室中发现铀裂变过程，不仅产生大量的能量，还产生大量的中子，平均每次裂变估计可产生2个中子（后来证实，当时估计不准确，事实上，每次每个原子的裂变产生2.4个中子）。而同年同月，法国物理学家约里奥·居里夫妇的实验小组在实验中计得铀原子核裂变过程平均放射3.5个中子。这些实验表明铀原子核链式反应的概率很大。而所谓链式反应，就是一个中子使一个铀原子分裂，而铀原子分裂又放出1个以上的中子，比如说是两个中子，这两个中子又能产生两次裂变而放出4个中子……以此类推，裂变的原子核数量便按指数级数迅速增加，核反应就此持续维持下来，各级之间的时间间隔后来查明不过是五十万亿分之一秒。通过链式反应，整块超过临界质量的铀物质会在一瞬间发生猛烈的爆炸，将它的核能释放出来。这就是原子弹爆炸的原理，查明这种可能性的研究是应用研究。

二、原子弹的研制与曼哈顿工程

此时，正是第二次世界大战爆发前夕。再没有什么事情比抢在纳粹分子之前研制出原子弹更为紧迫了。齐拉德非常明确地看到了这件事情，他于1939年7月说服了爱因斯坦，1939年8月2日爱因斯坦上书罗斯福，建议政府介入，着手研制原子弹。爱因斯坦信上还附上齐拉德的备忘录加以补充说：

“我们要用几吨的材料来进行初次实验。像过去在实验室中那种提供有限的预算是不可能进行这些实验的。现在既要加强（以财政和其他方面）迄今仍在研究此课题的那些组织，又要为此目的组织一些新机构。”①罗斯福总统经过短暂的犹豫还是同意了爱因斯坦的计划，成立了关于铀的“顾问委员会”。由于爱因斯坦1940年3月又给总统写了一封信催促其积极行动，又由于1941年英国在原子弹研究方面（特别是分离铀－235方面）取得了新进展，罗斯福才下定了决心。1941年12月批准了一个计划庞大的工程机构，名叫“曼哈顿工程管理区”，由陆军部负责，全面开展原子弹制造计划，这标志着核物理的应用研究转变为开发研究。

原子弹的研制计划在奥本海默的领导下进展迅速。1942年确定了用气体扩散法从铀－238中分离出原子弹材料铀－235，一些分离厂在田纳西州橡树岭秘密建立起来。1942年5月至6月间准确地计算了有中子反射的球形铀－235爆炸的“临界质量”，其临界质量为15千克。1942年12月，费米、西拉德建成了世界上第一座原子反应堆，在芝加哥大学足球场下面运行，并用这个反应堆实现了世界上第一次链式反应。1943年初，4万多人在华盛顿州汉福特着手安装以费米原子反应堆为依据的巨大反应堆，用以从铀－238中产出钚－239，成为制造原子弹的另一种材料。到了1945年，已经有足够多经过提纯的铀－235和钚－239可供制造原子弹。制造原子弹的工作在美国另一个秘密城市，新墨西哥州的洛斯阿拉莫斯进行。原子弹的构造并不复杂，它不过是这样一个装置，能使两块分开的亚临界质量的铀－235（或钚－239），通过普通炸药的力量结合起来。1945年7月前美国就已经造好了三颗原子弹。核时代已经悄悄地来到人间。

1945年7月16日凌晨5时30分，第一颗试验原子弹在美国新墨西哥州的洛斯阿拉莫斯爆炸成功。它爆炸时的产生的威力比研制这颗核弹的科学家们估计的要大得多，相当于2万吨TNT炸药的当量。对于这次爆炸，首先发现中子的查德威克这样描写道：“天刚破晓，有一团刺目的光在天地间出现，犹如上帝出现在我们中间，爆炸如此突然如此激烈，使人感到天空像被撕裂了一样。这正像《启示录》里的场面啊。”而这个计划的主持人、伟大的物理学家奥本海默则带着沉重的心情描述道：“有几个人笑了，有几个人却哭了，大多数人惊呆了，一声不响。我心中浮上古印度圣诗《勃哈加瓦基达》中克里希那试图说服王子执行他使命的一句诗：‘我成了死神，世界的毁灭者’。”

在不到4年的时间里，美国就成功试制了原子弹，完全取决于两个因素。

---

① 《科学与哲学》研究资料.1986(1)：167. 转引自张华夏. 现代科学与伦理世界：道德哲学的探索与反思（第2版）. 北京：中国人民大学出版社，2010. 187.

一是希特勒将一大批极有才华的欧洲核物理学家赶到了美国，使美国拥有了当时世界上最强大的科学家阵容。二是美国政府迫于战争的需要，投入了巨大的人力和物力。为了完成曼哈顿工程，美国政府动员了50多万人，其中科研人员15万，耗资22亿美元，占用了全国近1/3的电力。为分离高纯度铀，同时试用了三种方法：电磁分离法、气体扩散法和热扩散法，每种方法各建一个大型工厂。第一个建起的电磁分离厂，建造费用高达三亿零四万美元，有两万多人在此工作。原子弹的研制是20世纪大科学的典型范例。

三、核军备竞赛与核威胁

1945年8月，死神降临在日本。1945年8月6日，第一颗军用原子弹投在广岛。广岛在日本西部，人口约45万，是二次世界大战中日本的军事重地。那天是星期一，人们正在上班的路上。美国B－29轰炸机在高空投下这颗原子弹，在城市中心2200英尺上空爆炸，数秒钟内爆炸的冲击波摧毁了这座城市60%的建筑物。成千上万人被冲击波杀死，爆炸时火球发出的辐射使很多人烧伤致死。原子弹火球温度比太阳表面温度还要高，表明人们确实掌握了太阳般的能量用以杀人，许多人陆续死于电离辐射引起的辐射病。根据联合国秘书长在《核武器》一书中的报告，广岛有32万人受原子弹爆炸影响，直到1950年为止，共有20万人死亡。1945年8月9日，即在广岛被原子弹爆炸的第三天，第二颗原子弹在长崎上空爆炸了。该城市人口约30万，大部分被毁灭。根据联合国秘书长同样的估计，死伤28万人，其中直到1950年为止，10万人死亡。

虽然使日本投降并结束了第二次世界大战是原子弹的功劳，但是它杀死了这么多无辜的平民、妇女与儿童，不能不说是人类战争史上最悲惨的一幕。以齐拉德为首的一群科学家心情沉重，他们就像那个从瓶子里放出妖怪的渔夫一样无奈。科学理论一旦变成技术，并且又被政治家所掌握，科学家就无法改变它的命运了。第二次世界大战结束之日，就是核军备竞赛开始之时。1949年8月，苏联爆炸了他们的第一颗原子弹，其威力比广岛原子弹大10倍，爆炸效果相当于21万吨TNT当量。1952年1月，英国也爆炸了一颗自制的原子弹。

然而核武器很快发展到一个新阶段，这就是氢弹和其他超级炸弹的出现。在铀裂变时，铀原子的质量只有0.1%转化为能量，但是美国化学家哈金斯（W. Harkins）早在1915年就指出，在氢聚变为氦的过程中，原子的质量有0.5%转变为能量，但这种热核反应所需要的5 000万摄氏度的高温条件，当时人们以为这种核反应只有在恒星的中心才能发生。现在这个条件具备了，原子弹爆炸能提供这样的条件，用普通原子弹作雷管以氢、氘或氚作燃料即可制成氢弹。1952 年 11 月美国在太平洋一个珊瑚岛爆炸氢弹成功，爆炸力为 1 000 万吨 TNT 当量，一下子将整个岛炸飞了。苏联不甘落后，于 1953 年 8 月爆炸了一个更先进的氢弹。氢弹爆炸除产生了巨大能量外，还产生了大量多余的中子，将这些中子加以利用可引发铀－238 裂变。于是在氢弹外面包上一层铀－238 外壳，就会造成裂变—聚变—裂变的超级炸弹。1954 年 3 月，美国在太平洋马绍尔群岛中的比基尼岛试爆了这种炸弹，其威力为 1 500 万吨 TNT 当量。更令人注目的是，有一阵放射性尘埃雨落在一条日本渔船上，船上 23 个渔民都因此得了辐射病，其中 1 人死亡，已显示出了氢弹对全球性生存环境的破坏。很快苏联人也掌握了这种炸弹技术，他们于 1961 年爆炸了一颗超级炸弹，威力为 6 000 万吨 TNT 当量，即等于美国第一颗原子弹威力的 3 000倍，即可以炸毁 3 000 个广岛，比第二次世界大战中所使用的全部炸弹的总和还多 10 倍。核军备竞赛在 1958 年和 1962 年达到了高峰。1958 年美国进行了 77 次核试验，苏联进行了 26 次。1962 年美国进行了 96 次核试验，苏联进行了 42 次。1960 年 2 月 13 日，法国爆炸了第一颗钚弹。1964 年 10 月 16 日，中国也成功试爆了第一颗原子弹。直至 1958 年底，全球已进行了 1 045次核试验，世界核武器库存有弹头 5 万余枚，根据 1981 年联合国秘书长的估计，其中美国拥有核弹头 25 000 ~ 33 000 枚，苏联则为 11 000 ~ 15 000 枚，爆炸总量达 160 亿吨 TNT 当量，约等于 100 万枚广岛原子弹。一旦核大战之门打开，假定用 100 亿吨的核弹相互攻杀，全世界立即有一半人口死伤，其余的人类也存活不了多久，这真是“世界末日”的到来。早在 1983 年，美国化学家 L. 鲍林写道：“30 年来世界处于极大危险之中，一场核战争会爆发的危险，几乎可以肯定将导致人类的灭绝。虽然这种危险的存在尽人皆知，但是我们没有能够采取行动以减少这种危险并使军国主义得以控制。相反，我们已经使得核武器系统和运载它的工具越来越复杂化，这种不断增长的复杂化增加了这种机会 即一个技术上或心理上的错误将导致一场灾难性的核战争，这场核战争将会带来地球文明时代的结束。”

如果爆发一场核大战，将会出现什么结果？它对人类、对地球、对生命、对生态系统将会出现什么影响？这是一个需要自然科学来研究的问题。1983 年 10 月，在华盛顿召开的一次关于“核战争后的世界”的学术讨论会上，美国气象学家 C. 萨根提出“核冬天”的概念。他指出，当核爆炸当量达到 50 亿吨 TNT 时，它所产生的尘埃云将在北半球的中纬度地区造成一个黑幕，遮掩了正常的太阳光的 5%，于是北半球温度突然降到 －23℃ 并终年霜冻。地球上有30%的地方辐射量达到250伦琴（伦琴为辐射测量单位，定义为射线通过1立方厘米空气所产生的离子数目），达到置人于死地的程度。大气为城市大火引起的有毒烟雾所污染，破坏了大气上层的氧化氮带，于是人们暴露在紫外线的辐射之下，破坏人体的免疫系统并导致失明。美国斯坦福大学生物学家P. 埃尔里奇（Paul Ehrlich）对这核冬天图景进行了生物学的补充。他指出，在这黑暗的、烟雾弥漫的、寒冷的世界里，许多生物饿死了，家畜也荡然无存，连植物的光合作用也停止了。厚厚的冰层覆盖在海流和海洋表面，森林大火烧尽了死亡的树木，只有企鹅南侵，抢夺食物并传播瘟疫。

如果核冬天真的降临人间，这是科学的罪过吗？这是文明进步的代价吗？不！这是坏的政治伦理的罪过，是道德进步追不上时代的代价。

第三节 基因工程与生命伦理

我们有权利为了满足少数科学家的求知欲而不可逆地抵制亿万年自然进化的智慧吗？未来将会咒骂我们。

——F. 查理伽夫

在为了我们的目的而开发一种新的生命形式时 我们需要有一种对我们行星的生命的基本责任感吗？我们真的要将我们的未来的进化掌握在自己手里吗？……对于科学家来说，这原是一件很反常的事情。

——罗伯特·辛希默

出于对人类安全和对生态环境的保护意识，基因工程成为当代另一个典型大科学。基因工程的发展使我们能够操纵基因，操纵精子与卵子，操纵受精卵、胚胎和胎儿，操纵人体、大脑和人的行为。这是科学技术问题，说的是我们能不能够做，以及在什么条件下能够做的问题。但它同时也带来了深刻的社会伦理问题，譬如：我们能够通过基因显示来识别胎儿的性别或疾病，那么应不应该对那些有缺陷的或不是所意欲的胎儿（例如女婴或侏儒）进行人工流产，而剥夺他们出生的权利呢？我们能够移植人体器官，包括心脏、肝脏、骨髓等，可是这些活体器官如何获得呢？我们能够允许有人出售它吗？或者我们应该从死囚身上割取它吗？科学已经使我们能够通过技术来控制人的行为，可是在什么情况下控制人的行为包括控制精神病患者的行为，以及控制到什么程度才是适当的呢？另外，现代医学已能够使一个垂死的病人延续他的生命，那么对垂死的病人应不应该尽一切可能延续他的生命呢？我们应不应该允许临危病人或老人有安乐死的权利？所有这些问题都是与生物医学科技有关的生命伦理问题。简而言之，是有关生与死的伦理问题。在解决上述伦理问题时，科学家负有社会责任，他们需要解决科学发展的利益和社会利益之间以及科学发展要求和社会伦理习惯之间的矛盾。

一、分子生物学与基因工程的创立

1. 分子生物学的基础理论研究

像一切高科技及高科技产业一样，基因工程起源于基础理论的研究。这种研究并不是以实际应用为目的，而是旨在探索自然界的奥秘和自然界的规律。这就是说：基因工程起源于分子生物学的理论研究。这种研究旨在解决一个问题：人们早在19世纪末20世纪初就已经知道的基因，其组成与结构到底是什么？如果它不是蛋白质而是DNA（脱氧核糖核酸），则DNA如何起到遗传的作用？1953年英国生物学家J. 沃森与英国物理学家F. 克里克合作研究，发表了《脱氧核糖核酸的结构》的论文，首次揭开了基因的秘密。在此之前，许多生物学家都误认为生命只能是蛋白质的存在形式，决定生命最基本功能的基因也必然是由蛋白质或核蛋白所组成的。沃森和克里克都挑战了这种观点。他们指出：生物的一切性状都是由被称作基因的DNA分子片断决定的。因此如果能够将这些基因分离、剪切并重组，并转入宿主细胞中加以复制和传代，便可以按人们的要求改变生物的基因，改变生物的物种，改变生物的性状，并进而改变人类本身，开辟人类改造自然、改造自己的新纪元。这种应用研究称为基因工程。

2. 基因工程的创立

20世纪五六十年代分子生物学获得理论上的重大突破之后，基因工程的研究便在70年代开始了。1972年美国斯坦福大学的保罗·柏格（Paul Berg）第一次把两种不同的DNA重组在一起。他用限制性内切酶EcoRI（Eco是大肠杆菌的简称）把病毒SV40DNA的环打开成线状，剪切后与噬菌E. Coli重组。1973年柯恩（Cohen）将E. Coli抗四环素质体与E. Coli抗卡那霉素质体体外重组后再转移到E. Coli受菌中，建立了分子无性繁殖系。分子无性繁殖叫做克隆，这是分子水平上的克隆。这两件事标志着基因工程的诞生。

基因工程的操作，大体上可以分为下列几个步骤：

（1）重组体DNA片断的取得。主要方法是，将供体细胞中的DNA提取出来，加入限制性核酸内切酶，它是一种可以识别双链DNA中特定核苷酸序列的 DNA 水解酶，能在这 DNA 链的特定位置上切开它；另外，对作为其载体的质粒，限制酶也可以将它切成特定的片断。被切割的 DNA 片断末端可带黏性因而相互吸引，也可以不带黏性而成为平整末端。除了用限制酶来取得重组体 DNA 片断外，还可以用机械方法剪切（例如用超声波断裂）、从mRNA 中通过反向转录作用合成或化学方法合成而取得这些片断。

（2）重组：片断与载体的连接。通常是加入 DNA 连接酶，使 DNA 片断之间、供体 DNA 片断与载体质粒 DNA 片断之间连接起来。

（3）引入宿主细胞。通过转化、转染和转导等方法，将重组的 DNA 引入宿主细胞（如噬菌体、大肠杆菌、质粒体等），以便分析重组基因的功能和获取基因表达产物。如宿主是比较大的动植物细胞则可以用注射或用“基因枪”高速射入 DNA 分子以改变其动植物品种的特性。

有了 20 世纪 70 年代这些应用科学的研究，基因工程的开发便在 80 年代蓬勃发展起来。

二、基因工程的发展及其伦理蕴涵

20 世纪 80 年代，基因工程在各个方面蓬勃发展起来。它在农业、畜牧业、医药卫生业有着广泛的应用并由此而引发了一系列伦理问题。

1. 转基因植物、转基因动物和转基因微生物的开发

既然基因可以剪接、重组，这就打破了物种之间的界限，甚至打破了动物、植物与微生物之间的界限，为杂交和人工创造出各种新物种开辟广阔的道路。例如，1978 年，德国创造出一种植物品种，地上结西红柿，地下长土豆。1982 年美国加州大学伯克利分校生物学家林道（Steven Lindow）用基因重组的方法创造了一种抗霜冻细菌菌株洒在植物上，例如洒在土豆上，可抗霜冻，而美国每年因春季土豆霜冻损失十亿美元。1986 年，美国 Wister 学院对狂犬病毒进行基因重组，使其对人、犬无毒。在动物方面，欧洲生产了一种特殊的猪，其肉味能发出咖啡香味；英国有一种山绵羊，其奶里可产生凝结血的“9 号凝素”，成了白血病患者的福音。直到 20 世纪末，国际上已获得转基因农作物优良品种 100 多种，田间推广试验已有 600 多例。有人预言，21 世纪许多肉类的营养会由植物制造出来。当然，在我们摆弄生物的基因使之相互结合的时候，也确实出了一点差错。例如我们制造了一种新品种——杀人蜂，当它们被释放到自然界中去的时候，能袭击人类，将人杀死。于是从基因工程开始推广那一天起，就有这样的伦理问题出现：我们是否在扮演

上帝，我们是否过分干预了自然界的进程和生物的自然发展，从而破坏了生态平衡，也威胁着人类的安全呢？

2. 人体基因显示和基因疾病的诊断

随着医学的发展，原来严重威胁着人们生命的一些疾病，如天花、霍乱、鼠疫之类，得到治疗和控制，发病率大大下降。于是遗传性疾病所占的比重便突出起来，估计每 1 000 个新生儿有 3 ~ 10 人患有各种遗传病，如舞蹈病、镰刀形细胞贫血症、脊柱裂和无脑儿、唐氏综合征、血友病等。以前对于这些疾病，医学界是束手无策的，只有作保守性治疗，如减轻病人的痛苦和增加某些方面的营养等。自从有了分子生物学和基因工程，生物学家、医学家至少能够将这样一些疾病的基因条件探测出来，有一些遗传病可以在早期胚胎中诊断出来，为选择性人工流产提供根据；有一些则可以通过基因治疗加以治愈。这里特别值得注意的是产前的基因诊断，其基本方法是用针插入母体下腹，进入胎盘吸出羊水液。在羊水液中含有胎儿的活体细胞，检查活体细胞的染色体和基因，以及羊水中的生物化学成分，便可以得知胎儿可能有的遗传疾病。1967 年瓦伦蒂（C. Valenti）和纳德勒（H. Nadlev）对胎儿细胞染色体进行分析检查出胎儿唐氏综合征。1972 年，通过对胎儿生活在羊水中的甲胎蛋白浓度分析，检查出胎儿的无脑儿和脊柱裂疾病，这就开辟了基因诊断的先声。基因诊断在 80 年代极大地发展起来了，其基本工具就是上面所说的限制酶。利用各种限制酶，将人的 DNA 的不同长度基因段落切下加以分析。从 80 年代开始，有一个全球性的计划：绘出全部人类基因的总图，要弄清每一个基因的位置及其功能，即它的表达形态。这项工作一旦完成，则不仅能够弄清每一个人可能出现的遗传疾病的条件，而且可能弄清由遗传决定的每一个人的品性，至少由单个基因决定的性状就了如指掌了。这样，基因诊断就像超级商场的售货员用他的计价器读出商品条码的价格一样，可以了解基因密码的一切意义。基因诊断可能探测到某人是某种疾病的基因载体，但这疾病可能不在他身上发生，而在他后代身上发生，例如镰刀形细胞贫血症可能就是这样。有时也可能探测到某人在一定年龄以后才发生某种疾病，例如舞蹈病就是这样。有时还可以发现某人对某种疾病有先天遗传的易感染性，例如易得高胆固醇、心脏病、癌症等。而如果你想知道早期胎儿的性别，则产前检查加以辨别在技术上是毫无困难的。但是，基因显示和基因诊断引起了一系列伦理问题，我们应该如何对待被诊断出有遗传缺陷的人才是正当的呢？我们到底如何与一个我们预知他（或她）未来将会有某种疾病的人相处呢？对于通过基因诊断出有遗传缺陷或有某种我们所不喜欢特征的胎儿，在什么情况下剥夺他们的生存权利才是正当的呢？还是他们根本就没有生存的权利呢？

3. 基因治疗和优生学的进展

基因工程最重要的方面是基因治疗。广义地说，基因治疗就是对人类基因的控制，消除人们一些不愿意有的品质或疾病，改进存在的一些品质等。许多疾病由于产生于基因层次，因而它是被遗传的或能遗传的，如膀胱纤维化症、镰刀形细胞贫血症、莱施—尼汉氏综合征、综合免疫缺乏症等。病人有这些疾病非常痛苦并且危及生命。对于这些不治之症，直到20世纪80年代以后，由于基因技术的发展才有治愈之可能，甚至我们有可能将这些疾病从人类基因库中清除干净。并且我们还有可能运用基因技术来提高我们所欲求之特征（例如身高、体重与相貌）甚至改良人类这个物种，使人类能够优生。因此基因控制或广义的基因治疗有四种形式：

第一，体细胞基因治疗：旨在纠正病人体细胞的基因缺陷，而不是生殖细胞的基因缺陷。

第二，生殖系基因治疗：将某一基因引入病人的生殖细胞中，不仅使其本人受益，而且对其后代发挥作用。

第三，增强基因工程：将某一基因植入以改进人们的某些特征，例如植入一个补充生长激素基因，可以使人的体格变大。

第四，优生学基因工程：它旨在运用基因控制来改进人的某些复杂特性，例如性格、智力等，它不是由单个基因，而是由许多基因共同决定的。

对于人类来说，目前的进展是在体细胞基因治疗上。前面讲过的莱施—尼汉氏病就是这样一种基因疾病。患病者神经失控，导致自我摧残。这是由于有某一基因缺失，以至于不能合成某种HPRT酶而造成的。前面说到的综合免疫缺乏症，患这种疾病的儿童不能抵抗很简单的细菌感染，它是由某个基因的缺陷以至于不能合成ADA酶所造成的。这类疾病由于来自某个基因的缺陷或缺失，可以通过向细胞植入正常基因来加以治疗。例如莱施—尼汉氏病可以通过带正常HPRT基因的病毒感染人类造血细胞而被植入人的体细胞中，而免疫缺乏症则可通过取出病人的骨髓，将ADA基因植入其细胞中，处理后重新注入人体，这种体细胞的治疗问题一般不会引起太大的伦理问题。不过使用这种技术有很大的危险性，用新基因植入可能会瓦解其他基因的功能，从而引起癌症。因此必须谨慎使用。至于生殖系基因治疗，主要方法是将正常的DNA注射入受精卵中，再放回母体子宫中继续孕育，于是新的遗传特性不但遍及身体而且遗传于后代。不过这种方法目前只在老鼠中取得成功，需要有充分的动物实验和充分的体细胞基因治疗的经验，才能应用于人类。而在它能广泛应用于人类之前，必须用人的胚胎和人体进行试验，但如何对待人的胚胎实验和人体实验是这些基因治疗的首要伦理问题。至于增强基因工程和优生学基因工程，对于人类来说，目前尚未收到实际成效。不过在理论上首先出现了一系列伦理问题，例如：我们有什么理由认为听话的人要比爱冒犯别人的人就好一些，从而将后代人从基因上改变得比较听话？我们到底有多大的权力来改变后代人的特征，我们到底有多大的权力来创造新的人种？

4. 人类基因组计划

20 世纪 90 年代基因研究的新进展首推人类基因组计划的趋于实现和哺乳动物克隆的成功。

人类基因组计划是要将人类基因具有的 30 亿对核苷酸分子加以解码，弄清它们的位置、次序并逐步阐明其遗传意义。这是人类比较彻底地了解自己的结构特征和生、老、病、死的关键性步骤。1989 年美国卫生部（NIH）和能源部（DOE）提供 30 亿美元的财政支持，计划在 15 年内完成这个国际性科学计划。1996 年 2 月，以麻省理工学院怀特海基因谱中心为首的国际研究组织经过三年努力，终于宣布制成一个以 15 000 多条（已定序的）DNA 短片段为标志的人体基因谱鸟瞰图。同年 5 月，法国的韦辛巴赫和美国麻省理工学院的兰德与底特底治所领导的研究小组又发表了人体的基因关联谱。这样，实际上已经完成了人类基因组计划的重要准备工作。有了这个基因谱，上节所说的人体的基因治疗、基因改良和设计新基因便有了一个科学基础。我国科学技术部部长朱丽兰女士所说的“人造人，吓坏人”的时代到来了。

“人造人，吓坏人”的时代到来的另一个标志是哺乳动物克隆成功。据英国 1997 年 2 月 27 日出版的《自然》杂志报道：威尔穆特（I. Willmut）等科学家从一只 6 岁成年母羊的乳腺下取出一个体细胞，将它的核移植到另一头母羊的去了核的卵子中，把它培养成胚胎后，再植入第三头母羊子宫中发育成长，产下了一头小羊。这头无性繁殖的命名为“多利”的小羊已悠悠地在苏格兰的试验基地上生活了两年多。这只羊羔是其“基因母羊”的完全复制品，其所有生物特性与基因母羊保持一致，人们称之为“克隆羊”。克隆，是无性繁殖系的意思，即通过人工操作获得无性繁殖群体的过程。这项技术有两个要点：一是使用完全分化的体细胞作遗传物质的供体；二是需要卵细胞的发育指令，即母体信息。

克隆绵羊的成功，在技术上至少有三大突破：第一，找到了供体细胞脱分化的方法。供体细胞为绵羊乳腺细胞，它虽然包含了绵羊的全部基因，但它在形态上和生化组成上已经分化，即向专一性和特异性方向发展了，在这细胞中，许多基因已经关闭，不再表达。为了使它脱分化，即逆向分化和退行发育，也就是所谓的“返老还童”，就必须调整体细胞的分裂周期，使之进入胚胎细胞的分裂周期。第二，细胞融合技术突破。绵羊克隆是通过细胞融合将体细胞的细胞核移植到去核的卵细胞中，这就要求卵细胞中的遗传物质必须去除干净；在取出卵细胞的细胞核时，不能损害卵细胞的线体信息，这是决定体细胞细胞核启动的指令；而供体细胞核不能有任何损伤，否则会造成突变甚至不能发育。第三，融合细胞的激活。在有性生殖过程中，卵细胞在未接受精细胞的遗传物质之前，它所携带的母体信息是没有活性的，一旦接受了精细胞的遗传物质，即受精之后，卵细胞的母体信息就被激活，这种现象称为受精激活。如何保证接受了移植细胞核的母体信息被激活，也是一项关键技术。“多利”是成年哺乳动物成功无性繁殖的第一个例子，它打破了“用成年动物细胞无法培养成胚胎”“动物细胞分化过程中发生了不可逆的变化”的理论，在胚胎发育理论上和在基因工程技术上取得了划时代的突破，在科学发展史上是一个重大的历史事件。

我们应该如何认识这个历史事件的科学意义呢？比较一下 19 世纪末和 20 世纪末的科学形势是很有意思的。大家知道，19 世纪末，在物理科学上有几个重大的发现：X 射线的发现、电子的发现、放射性元素的发现，以及普朗克的量子论提出。这些发现预示一二十年后即将出现的微观世界规律和宏观世界规律（量子力学、相对论、量子场论等）的全面揭露，宣布了 20 世纪即新物理学世纪的到来。在 19 世纪末有谁想过原子可分裂性的发现后只有几十年的时光，就爆炸了世界上第一颗原子弹呢？当时又有谁能预测到 20 世纪科学技术会发生如此巨大的变化呢？到了 20 世纪末，生命科学出现了 19 世纪物理科学同样的形势。基因重组工程的重大突破、人体基因关联图谱的绘出，以及克隆羊的成功，可以说是 20 世纪末生命科学的几个重大事件。我们完全可以有根据地预测，在今后一二十年间内生命规律将会得到全面的揭露，由此而引起另一场翻天覆地的变化，就像原子弹的出现、人类登上月球一样是惊人的。因此我们完全可以说，克隆羊是 20 世纪的“电子”发现，它宣布了 21 世纪，即生命科学世纪的到来。

克隆羊之所以引起世界的关注，是因为既然羊这种高等哺乳动物能被克隆，那么克隆人在理论上和技术上应该是没有多大困难的了。成功克隆世界第一头绵羊的主持人苏格兰科学家威尔穆特（I. Willmut）说：“有可能在不到两年的时间里培养出克隆人，不过我想象不出有谁会这样做。”但是，他现在却正在进行克隆人类早期胚胎的实验了。1998 年 3 月 2 日美国科学家公布了他们用胚胎细胞复制了猴子，只要进一步研究，用成年猴克隆出小猴是完全可能的，他们估计“不出 5 年，复制技术就会应用在人类身上”。于是一时间，世界各地都有这样一类议论，我们能否可以从世界上最伟大的科学家、政治家和企业家身上取出细胞进行复制，用以改进人的遗传性状呢？如果将克隆技术与基因重组技术结合起来，我们是否可以设计创造出有各种各样高体能、高智力的超人呢？如果这项技术被恐怖组织利用了，是否会制造出“奴隶大军”？而人类有性繁殖逐渐被代替后，是否会由克隆人统治世界？如果这一切变成现实，一个怪影在世界上游荡着，这就是克隆人的怪影，它会带来许多社会问题和伦理问题，它可能会侵犯人的尊严、破坏人伦道德并带来意想不到的社会危害……

延伸阅读

1. L. 鲍林. 告别战争：我们的未来设想. 吴万仟译. 长沙：湖南出版社，1992.

2. 齐曼. 知识的力量——科学的社会范畴. 许立达等译. 上海：上海科学技术出版社，1985.

3. 邱仁宗. 生命伦理学. 北京：中国人民大学出版社，2010.

4. 张华夏. 现代科学与伦理世界：道德哲学的探索与反思（第2版）. 北京：中国人民大学出版社，2010.

思考题

1. 试述大科学时代科学的特点。
2. 什么是“核冬天”？
3. 大科学时代科学家应具备怎样的道德素养？
4. 重组基因工程会带来哪些伦理问题？对这些伦理问题你怎样看？

附 录

科学组织的四项基本伦理规范

——科学精神就是求真的人文精神

科学组织的四项基本伦理规范也称默顿规范，它是由美国著名社会学家默顿（Robert King Merton）于1942年在《科学的规范结构》一文中提出来的。由于“二战”中出现了对科学家的迫害和对科学研究的干涉，基于对科学家和科学命运的思考，默顿提出：有四项规范或者原则支配着科学活动、维系着科学组织、决定着科学发展。这四项基本规范不但是科学家知识增长的手段，而且是科学工作者的行为规范或科学的精神气质。它们是：

（1）**普遍性原则**（universalism）。它的意思是：科学是普遍有效的，在科学知识中不存在特权或特殊地位的根据。如果它是真的，则不同阶级、不同学派、不同种族的人们在同样的条件下都会作出同样的结果。所以，它的正确与否不受国家、地区、民族、宗教、年龄、社会地位或个人感情的影响。科学本身是无阶级性也是无国界的。科学陈述的正确与否是不依赖于作者的特征与归属的。拉瓦锡创立的氧化说，不会因为他被法国大革命送上断头台而变成错误该死的东西；牛顿的万有引力定律也不会因为鸦片战争而被中国人抛弃。

贝尔纳曾指出：“科学上的国际主义是科学最特殊的特征之一，即在极其原始的时代，爱好科学的人们就愿意向别的部落或民族学习。从这个意义上来说，科学可说是从一开始就具有国际性质的。”① 在拿破仑战争期间，对英国军事科学有所贡献的化学家戴维（H. Davy）不仅获准前往法国访问，而且还受到了拿破仑本人的接见。这是坚持科学普遍性原则的一个范例。与之相反，英国有个叫乔治三世的国王，为了反对美国科学家富兰克林的政治观点而拼命批驳他的科学发现。他不顾众人一再的劝告执意要把约克王宫上的避雷针改造成球形，结果受到了自然界的惩罚。这是违反科学普遍性原则的可

---

① 贝尔纳. 科学的社会功能. 北京：商务印书馆，1982. 274.

笑范例。还有，希特勒德国政府曾将爱因斯坦相对论打成“犹太人的科学”，他们要坚持“雅利安人的科学”。在他们统治的时期，赶走了1 880名世界上一流的科学家（包括爱因斯坦和玻尔在内）。在这批人中，最有名气的科学家有80%是诺贝尔奖获得者，占德国有史以来获诺贝尔奖的25%，而此期间，大学、中学选自然科学的学生减少了2/3，使他们在科学国力上元气大伤。这是违反科学普遍性原则的一个典型例子。同样，在苏联斯大林时期，曾将量子力学打成“伪科学”，称它的创立人之一海森堡为“希特勒德国物理学元首”，称它的另一位创立人玻尔为“英国情报机关的人”，以此为理由反对量子力学；以孟德尔是僧侣为由反对“资产阶级基因遗传学”，这也是违反普遍性规范的实例。历史证明，苏联在哪个学科领域反对科学普遍性原则，它就在哪个领域落后。在我国，如果不是坚持科学的普遍性原则，在新中国成立初期就动员大批科学家回国，就不可能及时研制成功原子弹和使人造卫星上天。

科学普遍性的另一个重要含义是：科学的大门是向一切有志于追求真理的人打开的，不论这些人的地位尊卑、贵贱。科学精神与等级制度规范是不相容的，相反，它却与开放式的民主秩序一体化。这也是由科学要最大限度地扩展人类知识这个根本目标所决定的。

（2）知识共有（public ownership）原则：科学研究的成果不属于科学家个人，而是属于全世界，是全人类共有的财富，是大家共享的资源。科学是积累知识的长期广泛的合作事业，对它作出贡献的每个人都是因为利用这份公共财产而作出贡献的，所以，一旦他作出贡献就应该公开发表，以便让科学共同体中的每一个人都可以利用它来进行更进一步的研究。科学发现者的唯一财产权利只是获得集体的承认和尊重，即享有发现优先权的荣誉（最高荣誉就是用发现者的名字命名）。

科学的目的是知识的增长，保密是最不利于知识的发展的。它造成大量重复劳动，扼杀新思想，使新思想得不到讨论、考研、复证和发展。科学家本人亦没有权利保密，正像牛顿说的“我之所以比别人看得远些，是因为我站在巨人们的肩膀上”，所以他有责任将自己的发现交还给社会。科学是没有专利的，只有技术才有专利。国家要保守军事秘密，公司要保守商业秘密，当这些保密扩大到科学领域时，就与科学的精神发生冲突。

（3）无私利（disinterestness）原则：为科学而科学。这就是说，科学研究的目的是为了人类知识增长，不应该有其他私人利益与动机妨碍这个目的实现。为了实现这个目的，他们应该具有高度的诚实标准，实事求是，来不得半点虚假和不负责任。

然而，行业特点要求的无私利原则并不意味着科学家就一定具有这种修养和品质。事实上，科学史上不乏弄虚作假事件。例如，1912 年英国人类学家道森和伍德沃德伪造猿人化石，然后将它埋到新生代第四纪岩层中，进而获得了蜚声学坛的发现。1925 年，莫斯科大学生物学家保尔·卡默勒伪造了一种带斑点的蝴蝶，想以此证明拉马克的获得性遗传学说。1971 年，英国心理学家伯特伪造统计数据，以证明智商与遗传的密切关系。1974 年，美国斯隆—凯特琳癌症研究所的研究员萨默林在白鼠的皮上涂上墨水，以证明植皮试验的成功。1980 年，美国麻省总医院的约翰·朗从猫头鹰身上取来细胞，以冒充霍奇金斯病菌从而骗取 96 万美元的科研经费。1981 年，美国康奈尔大学的研究生马克·斯佩克林伪造实验，以证明他提出的癌症的新理论，差点获得诺贝尔奖。2004 年韩国科学家黄禹锡伪造数据，在美国《科学》杂志上发表论文宣布在世界上率先使用克隆方法，用卵子成功培育出人类胚胎干细胞；2014 年日本理化研究所（RIKEN）发育生物学研究中心（CDB）的小保方晴子伪造数据，宣称“刺激触发多能性获得（STAP）”过程制造出的干细胞能分化为胎盘细胞。值得庆幸的是，这些诈骗案最终都被揭穿和识破了，欺骗者本人则被永远钉在耻辱柱上。当然，科学研究中欺骗现象的滋长，也给我们提出了一个值得反省的问题，即如何完善对科研工作成果的评审制度。

（4）理性至上原则或有组织的怀疑主义（organized scepticism）。它包含两方面意思。一方面承认理性和信仰理性，认为理性能够并且只有理性才能够帮助我们理解世界；另一方面认为科学无禁区，即对一切现存的知识都可以进行公开的批评和辩护，任何权力、组织、金钱都不应干涉学术自由探索。

参考文献

1. Albert Einstein, Francis A. Davis, Physics. The Principle of Relativity. London: Dover Publications, 1952.

2. V. Ilyin and A. Kalinkin. *The Nature of Science: An Epistemological Analysis*. Moscow: Progress Publishers, 1988.

3. Thomas S. Kuhn. *The Essential Tension*. Chicago: The University of Chicago Press, 1977.

4. 艾伦. 近代英国工业革命揭秘——放眼全球的深度透视. 毛立坤译. 杭州：浙江大学出版社，2012.

5. 爱因斯坦文集（第一卷）. 许良英，范岱年译. 北京：商务印书馆，1976.

6. L. 鲍林. 告别战争：我们的未来设想. 吴万仟译. 长沙：湖南出版社，1992.

7. 波特，罗斯. 剑桥科学史（第七卷）：现代社会科学. 郑州：大象出版社，2008.

8. 列维·布留尔. 原始思维. 丁由译. 北京：商务印书馆，1986.

9. 曹天元. 上帝掷骰子吗?：量子物理史话. 北京：北京联合出版公司，2013.

10. 曹南燕. 在清华听讲座：科技人文普及读本（二）. 北京：清华大学出版社，2005.

11. 达尔文. 物种起源. 叶笃庄，方宗熙，周建人译. 北京：商务印书馆，1995.

12. W. C. 丹皮尔. 科学史. 李珩译. 北京：商务印书馆，1975.

13. 费曼. 费曼讲物理：相对论. 周国荣译. 长沙：湖南科学技术出版社，2004.

14. 费耶阿本德. 反对方法. 周昌忠译. 上海：上海译文出版社，1992.

15. 帕特丽西雅·法拉. 四千年科学史. 黄欣荣译. 北京：中央编译出版社，2011.

16. 桂起权. 科学思想的源流. 武汉：武汉大学出版社，1994.

17. 桂起权，沈健. 物理学哲学研究. 武汉：武汉大学出版社，2012.

18. 托马斯·L. 汉金斯. 科学与启蒙运动. 任定成，张爱珍译. 上海：复旦大学出版社，2000.

19. 江晓原. 科学史十五讲. 北京：北京大学出版社，2006.

20. 恩斯特·卡希尔. 人论. 甘阳译. 上海：上海译文出版社，1985.

21. 库恩. 必要的张力. 范岱年译. 福州：福建人民出版社，1981.

22. 库恩. 哥白尼革命：西方思想发展中的行星天文学. 吴国盛，张东林，李立译. 北京：北京大学出版社，2003.

23. 哈斯金斯. 大学的兴起. 张堂会，朱涛译. 北京：北京出版集团公司，北京出版社，2007.

24. 海森伯. 物理学和哲学. 范岱年译. 北京：商务印书馆，1999.

25. 华勒斯坦等. 开放社会科学：重建社会科学报告书. 刘锋译. 北京：生活·读书·新知三联书店，1997.

26. 霍金. 时间简史. 许明贤，吴忠超译. 长沙：湖南科学技术出版社，1992/2010.

27. 拉卡托斯. 科学研究纲领方法论. 兰征译. 上海译文出版社，2005.

28. 杰里米·里夫金. 第三次工业革命：新经济模式如何改变世界. 张体伟，孙豫宁译. 北京：中信出版社，2012.

29. 李醒民. 关于科学史的几个问题. 中国政法大学学报，2011（2）.

30. 李醒民. 激动人心的年代. 北京：中国人民大学出版社，2009.

31. 李约瑟. 中国科学技术史. 北京：科学出版社，1975.

32. 卢克莱修. 物性论. 方书春译. 北京：商务印书馆，1999.

33. 玛格纳. 生命科学史. 刘学礼主译. 上海：上海人民出版社，2009.

34. 刘兵，杨舰，戴吾三. 科学技术史二十一讲. 北京：清华大学出版社，2006.

35. 中共中央编译局. 马克思恩格斯选集（第3、4卷）. 北京：人民出版社，1995.

36. 麦克莱伦第三，哈罗德·多恩. 世界史上的科学技术. 王鸣阳译. 上海：上海科技教育出版社，2003.

37. 中共中央文献编辑委员会. 毛泽东选集（第1卷）. 北京：人民出版社，1991.

38. 梅森. 自然科学史. 周煦良等译. 北京：商务印书馆，1980.

39. 钮卫星，江晓原. 科学史读本. 上海：上海交通大学出版社，2008.

40. 彭加勒. 科学与方法. 李醒民译. 沈阳：辽宁教育出版社，2000.

41. 齐曼. 知识的力量——科学的社会范畴. 许立达等译. 上海：上海科学技术出版社，1985.

42. 邱仁宗. 生命伦理学. 北京：中国人民大学出版社，2010.

43. 萨顿. 科学的历史研究. 刘兵等编译. 上海：上海交通大学出版社，2007.

44. 石声汉. 石声汉农史论文集. 北京：中华书局，2008.

45. 王鸿生. 科学技术史 . 北京：中国人民大学出版社，2011.

46. 威尔斯. 世界史纲. 吴文藻等译. 北京：人民出版社，1982.

47. 吴国盛. 科学的历程. 北京：北京大学出版社，2002.

48. 吴国盛. 大学科学读本. 桂林：广西师范大学出版社，2004.

49. 徐新. 西方文化史（第2版）. 北京：北京大学出版社，2007.

50. 薛定谔. 生命是什么. 罗来欧，罗辽复译. 长沙：湖南科学技术出版社，2005.

51. 张华夏. 现代科学与伦理世界：道德哲学的探索与反思（第2版）. 北京：中国人民大学出版社，2010.

52. 张华夏，叶侨健. 现代自然哲学与科学哲学（自然辩证法概论）. 广州：中山大学出版社，1996.

53. 张密生. 科学技术史（第2版）. 武汉：武汉大学出版社，2009.

54. 中国科学技术大学天体物理组. 西方宇宙理论评述. 北京：科学出版社，1978.